中华传统食材丛书

总主编　魏兆军　陈寿宏

花卉卷

主　编　智楠楠　章建国
编　委　麻润晖　杨金香
　　　　冯　俊

合肥工业大学出版社

图书在版编目（CIP）数据

中华传统食材丛书.花卉卷/智楠楠，章建国主编.—合肥：合肥工业大学出版社，2022.8

ISBN 978-7-5650-5126-5

Ⅰ.①中…　Ⅱ.①智…　②章…　Ⅲ.①烹饪—原料—介绍—中国　Ⅳ.①TS972.111

中国版本图书馆CIP数据核字（2022）第157777号

中华传统食材丛书·花卉卷

ZHONGHUA CHUANTONG SHICAI CONGSHU HUAHUI JUAN

智楠楠　章建国　主编

项目负责人　王　磊　陆向军
责任编辑　孙南洋
责任印制　程玉平　张　芹
出　　版　合肥工业大学出版社
地　　址　（230009）合肥市屯溪路193号
网　　址　www.hfutpress.com.cn
电　　话　人文社科出版中心：0551-62903200
　　　　　　营销与储运管理中心：0551-62903198
开　　本　710毫米×1010毫米　1/16
印　　张　14　**字　数**　194千字
版　　次　2022年8月第1版
印　　次　2022年8月第1次印刷
印　　刷　安徽联众印刷有限公司
发　　行　全国新华书店
书　　号　ISBN 978-7-5650-5126-5
定　　价　125.00元

如果有影响阅读的印装质量问题，请与出版社营销与储运管理中心联系调换。

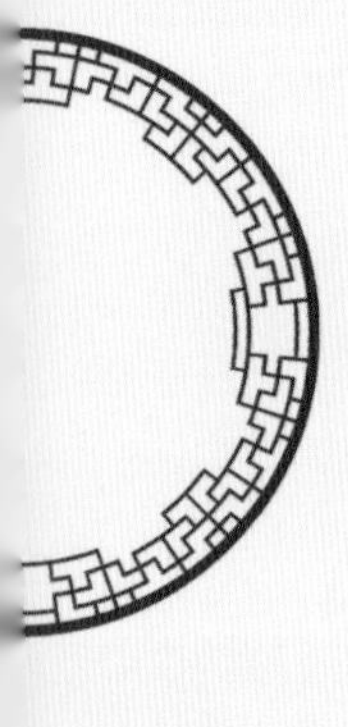

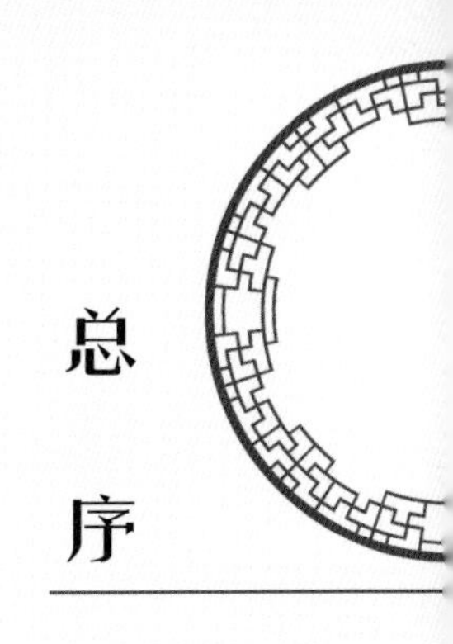

总序

健康是促进人类全面发展的必然要求，《“健康中国2030”规划纲要》中提出，实现国民健康长寿，是国家富强、民族振兴的重要标志，也是全国各族人民的共同愿望。世界卫生组织（WHO）评估表明膳食营养因素对健康的作用大于医疗因素。“民以食为天”，当前，为了满足人民日益增长的美好生活的需求，对食品的美味、营养、健康、方便提出了更高的要求。

中国传统饮食文化博大精深。从上古时期的充饥果腹，到如今的五味调和；从简单的填塞入口，到复杂的品味尝鲜；从简陋的捧土为皿，到精美的餐具食器；从烟火街巷的夜市小吃，到钟鸣鼎食的珍馐奇馔；从“下火上水即为烹饪”，到“拌、腌、卤、炒、熘、烧、焖、蒸、烤、煎、炸、炖、煮、煲、烩”十五种技法以及“鲁、川、粤、徽、浙、闽、苏、湘”八大菜系的选材、配方和技艺，在浩渺的时空中穿梭、演变、再生，形成了绵长而丰富的中华传统饮食文化。中华传统食品既要传承又要创新，在传承的基础上创新，在创新的基础上发展，实现未来食品的多元化和可持续发展。

中华传统饮食文化体现了“大食物观”的核心——食材多元化，肉、蛋、禽、奶、鱼、菜、果、菌、茶等是食物；酒也是食物。中国人讲究“靠山吃山、靠海吃海”，这不仅是一种因地制宜的变通，更是顺应自然的中国式生存之道。中华大地幅员辽阔、地大物博，拥有世界上最多样的地理环境，高原、山林、湖泊、海岸，这种巨大的地理跨度形成了丰富的物种库，潜在食物资源位居世界前列。

“中华传统食材丛书”定位科普性，注重中华传统食材的科学性和文化性。丛书共分为30卷，分别为《药食同源卷》《主粮卷》《杂粮卷》《油脂卷》《蔬菜卷》《野菜卷（上册）》《野菜卷（下册）》《瓜茄卷》《豆荚芽菜卷》《籽实卷》《热带水果卷》《温寒带水果卷》《野果卷》《干坚果卷》《菌藻卷》《参草卷》《滋补卷》《花卉卷》《蛋乳卷》《海洋鱼卷》《淡水鱼卷》《虾蟹卷》《软体动物卷》《昆虫卷》《家禽卷》《家畜卷》《茶叶卷》《酒品卷》《调味品卷》《传统食品添加剂卷》。丛书共收录了食材类目944种，历代食材相关诗歌、谚语、民谣900多首，传说故事或延伸阅读900余则，相关图片近3000幅。丛书的编者团队汇聚了来自食品科学、营养学、中药学、动物学、植物学、农学、文学等多个学科的学者专家。每种食材从物种本源、营养及成分、食材功能、烹饪与加工、食用注意、传说故事或延伸阅读等诸多方面进行介绍。编者团队耗时多年，参阅大量经、史、医书、药典、农书、文学作品等，记录了大量尚未见经传、流散于民间的诗歌、谚语、歌谣、楹联、传说故事等。丛书在文献资料整理、文化创作等方面具有高度的创新性、思想性和学术性，并具有重要的社会价值、文化价值、科学价

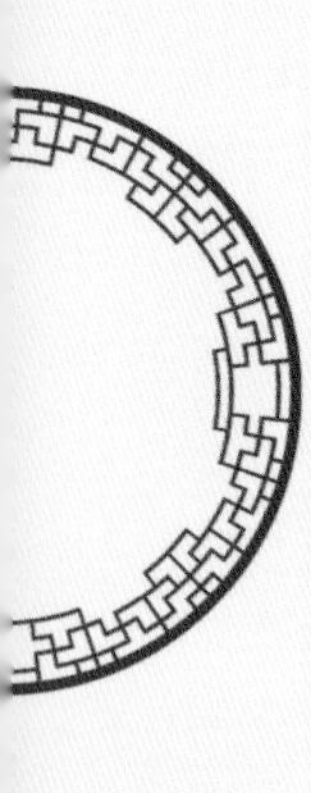

值和出版价值。

对中华传统食材的传承和创新是该丛书的重要特点。一方面，丛书对中国传统食材及文化进行了系统、全面、细致的收集、总结和宣传；另一方面，在传承的基础上，注重食材的营养、加工等方面的科学知识的宣传。相信“中华传统食材丛书”的出版发行，将对实现“健康中国”的战略目标具有重要的推动作用；为实现“大食物观”的多元化食材和扩展食物来源提供参考；同时，也必将进一步坚定中华民族的文化自信，推动社会主义文化的繁荣兴盛。

人间烟火气，最抚凡人心。开卷有益，让米面粮油、畜禽肉蛋、陆海水产、蔬菜瓜果、花卉菌藻携豆乳、茶酒醋调等中华传统食材一起来保障人民的健康！

中国工程院院士

2022年8月

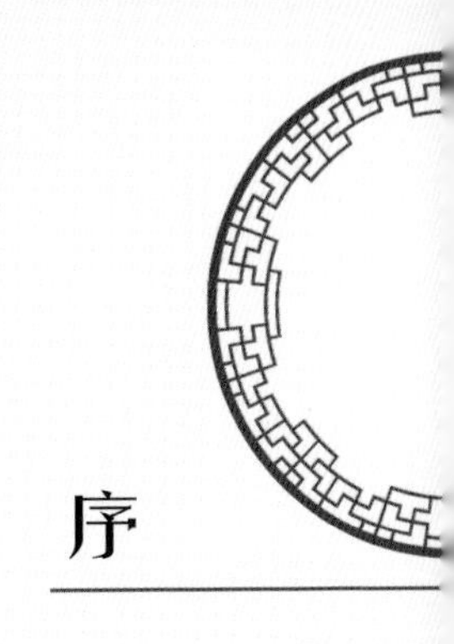

序

随着时代的发展，社会大众对健康饮食愈加重视，对每日所摄入的食物来源愈加在意，对于天然食物的探知也愈加迫切。食材天然化也是未来食材多元化的发展方向。中华传统食材历来追求色香味俱全，常用花卉作为点缀，一些花卉作为食材进入人们的一日三餐已可追溯至数千年前。随着科学技术的发展与进步，人们对于花卉的功能性认知更加具有全面性、科学性，不再仅局限于传统古籍的记载。基于现代化检测分析技术，我们更加清晰地认识到花卉中含有丰富的碳水化合物，氨基酸、脂肪酸、维生素、黄酮类等多种营养物质以及具有生物活性的大分子、小分子物质。现代科学技术的进步与发展为花卉在食品中的应用注入了新活力。本卷在汲取古人烹饪智慧与哲学思想的同时融入现代科学研究的新理论、新成果，系统地对花卉类传统食材进行整理汇总，以期做到与时俱进、特色鲜明。

本卷基于中华传统经典古籍记载，同时结合现代科学技术的研究成果，精选了36种代表性花卉，分别从物种本源、营养及成分、食材功能、烹饪与加工、食用注意五个方面对每一种花卉进行资料的系统性收集与呈现，旨在使读者能够全方位地了解所列花卉，具体如下。第一部分“物种本源”主要介绍每一种花卉的拉丁文名称、种属名、形态特征、习性、生长环境等。第二部分“营养及成分”主要是基于现代化科学检测及分析技术探索所列花卉主要的功能性成分。第三部分“食材功能”主要从传统医学研究和现代营养作用两方面展开，传统医学研究方面主要是基于经典古籍对于特定花卉入食入药的记载，现代营养学作用方面主要是整理和呈现现代科学技术对花卉在某种特定状态下的提取物进行体内体外实验研究得到的研究结果，以证实其功能性。第四部分“烹饪与加工”主要从传统烹饪和现代加工两个方面展开，传统烹饪方面主要搜集了在中华饮食文化中，民间大众通常是将花卉作为主料或辅料采用何种方式进行烹饪的，以及其将起到怎样的益生作用；现代加工方面呈现了目前如何将现代食品加工技术应用于花卉食品的工业化加工生产中，以增加花卉食品种类，扩大产品市场。花卉食品已然成为21世纪新型食品之一，国内外众多研究者都已开始系统地整理、开发、研制花卉食品。第五部分“食用注意”列出了花卉的一些食用禁忌，指出花卉入食存在的潜在风险，提醒读者应结合自身情况科学用花，必要时遵从医嘱做到科学养生。此外，本卷还对每一种花卉在民间流传的一些传说故事与佳话进行了收集，旨在使读者在阅读的同时亦能够感受到每一种花卉背后的人文色彩，体会中国传统文化的魅力。

本卷的分工编写如下：安徽中医药大学智楠楠主要负责编写萱草花、百合花、益母草花、合欢花、金雀花、南瓜花、红花、雪莲花、菊花、荷花、茉莉花、桂花、丁香花、牡丹花、白兰花、辛夷花、月季花、玫瑰花、桃花、梅花、樱花、紫薇花、栀子花、山茶花、芍药花、鸡冠花、千日红以及代代花等品种，合肥工业大学章建国主要负责编写郁金香、玉簪花、杜鹃花、葛花、向日葵花、扶桑花、美人蕉以及杏花等品种。

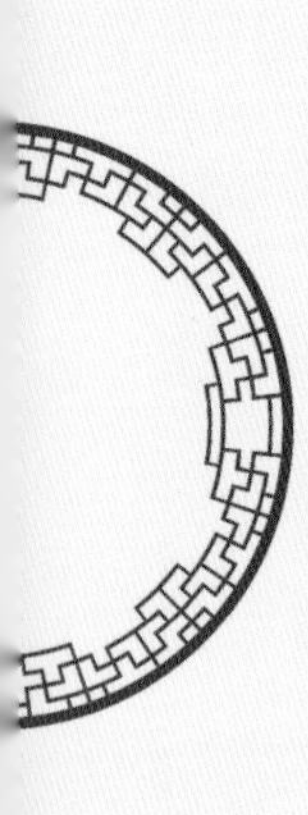

本卷在编写过程中得到了编写者、编写者所在单位以及相关专业领域的专家们的大力支持，在此表示衷心的感谢。本卷的成稿、编校与出

版离不开大家的共同努力。

浙江大学陆柏益教授审阅了本书,并提出宝贵的修改意见,在此表示衷心的感谢。

由于编者水平有限，书中难免存在一些问题与不足，敬请读者批评指正。

编　者

2022年6月

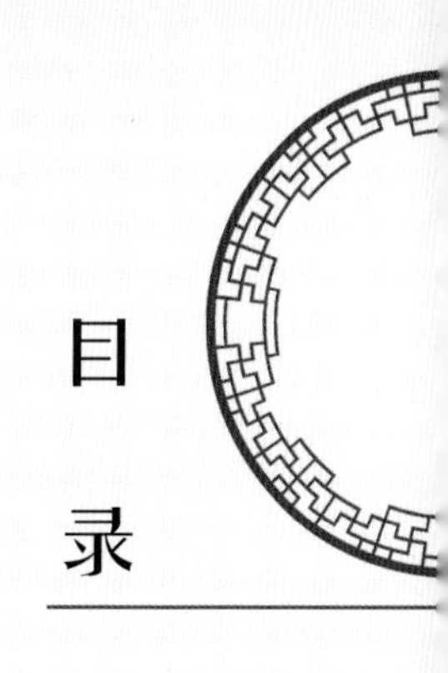

目录

萱草花……001
郁金香……006
玉簪花……011
百合花……016
益母草花……022
杜鹃花……027
葛花……032
合欢花……037
金雀花……043
南瓜花……049
向日葵花……054
红花……059
雪莲花……065
菊花……072
扶桑花……078
荷花……083
茉莉花……089
桂花……095
丁香花……101
牡丹花……106
白兰花……111
美人蕉……116
辛夷……121
月季花……127
玫瑰花……135
桃花……141
梅花……147
杏花……153
樱花……159
紫薇花……165
栀子花……170
山茶花……177
芍药花……183
鸡冠花……190
千日红……196
代代花……202
参考文献……208

萱草花

娇含丹粉映池台，忧岂能忘俗漫猜。
曹植颂传天上去，嵇康种满舍前来。
鹿葱谁验宜男谶，凤首犹寻别种栽。
浩有苦怀偏忆母，从今不把北堂开。

——《萱草花》（南宋）董嗣杲

一、物种本源

拉丁文名称，种属名

萱草花，是常见的多年生宿根草本植物萱草［*Hemerocallis fulva* (L.) L.］所开的花朵。萱草被归于百合科萱草属；萱草的别名较多，主要有川草花、金针和疗愁等。

形态特征

萱草花是顶生，形状为圆锥形，每枝顶端可开6～12朵花，花的长度最长可到12厘米，每朵花有6片花被，其中3片在内侧，3片在外侧，花色通常为橘黄色，通常在早上开放晚上凋谢。

习性，生长环境

萱草生命力比较强健，耐寒亦耐旱，喜光又耐阴，并且对土壤酸碱度要求不高，但通常情况下在阳光充足、通风以及土壤湿润、肥沃处长势最好，花期在每年的5—7月份。据资料记载，萱草花最早来自中国，后期被各个国家引进，通过多年杂交培育，目前品种有万种，因为栽培简单、观赏性强，广受世界各地园艺爱好者喜欢。

二、营养及成分

据《中药大辞典》记载，萱草花中含有丰富的生物碱类、生物苷类、维生素类、黄酮类、多酚类物质，具有很高的药用价值。

三、食材功能

性味 性凉，味甘。

归经 归脾、肺、心经。

功能

（1）抗氧化作用。抗氧化作用是萱草花提取物最重要的生物活性作用，相关研究人员发现鲜萱草花的活性提取物在体外实验中可以有效清除自由基；在小鼠模型实验中能够减少一氧化氮合酶（NOS）的生成，减少一氧化氮的合成，降低一氧化氮对机体的损伤。

（2）肝保护作用。现代科学实验证明萱草花的提取物对实验动物具有一定的肝损伤保护作用，如科研工作者利用小鼠免疫性肝损伤模型，对其分别注射不同剂量的萱草花黄酮提取物，之后分别观察其肝脏组织病理图，结果发现，与对照组相比，提取物对小鼠免疫性肝损伤具有一定的保护作用，追究其保护机制可发现，萱草花提取物能够有效降低小鼠血清和肝脏中丙二醛的浓度，提高相关抗氧化酶的活力。此外，还有研究者提取并分离萱草花中黄酮类化合物和一些衍生物，探讨其保护机制，结果发现其可以显著抑制人肝癌细胞HepG2中活性氧（ROS）的产生，从而对肝细胞起到保护作用。

（3）治黄疸。据《闽东本草》记载的配方为，治黄疸：鲜萱草根2两（洗净）、母鸡1只（去头脚与内脏），水炖3小时服，1～2日服1次。

（4）其他功效。据明代李时珍的《本草纲目》记载，萱草具有镇定安神、美容养颜、增智宽胸、活血清热等功效，有助于人们忘记烦恼，故又俗称为忘忧草。

四、烹饪与加工

萱草花木耳排骨粥

（1）材料：萱草花、木耳、粳米、排骨等。

（2）做法：首先将萱草花（此处指黄花菜）、木耳洗净、切碎，将这些材料和粳米混合加入煮锅中，加入适量水，排骨切小块投入，大火烧开后撇去浮沫，小火慢煮约1小时，直到汤汁变稠，排骨肉煮烂，加入调味料，搅拌均匀，即可食用。

萱草花腊八面

（1）材料：面粉、鸡蛋、萱草花、豆干丁、肉末等。

（2）做法：准备面粉以及鸡蛋，混合揉面，盖上锅盖，待醒发。等待揉光滑后，撒上足够的面粉，切成10厘米见方的小块，然后把它们叠在一起，之后用双手拉住小块的两端，慢慢拉长成面条。入锅，煮熟盛出，备用。然后将萱草花（此处指黄花菜）切小段，与豆干丁、肉末等混合炒制，炒制完成后与煮好的面条搅拌以入味，即可食用。

萱草花腊八面

萱草花白萝卜汤

（1）材料：萱草花、白萝卜等。

（2）做法：将干制萱草花洗净，伴水泡发后备用。将白萝卜洗净切片，待锅中水煮开，加入备好的萱草花和白萝卜片，小火煮10～20分钟，即可食用。

五、食用注意

生食萱草花会导致人中毒，过量食用生的萱草花，严重的情况下会危害到生命。

黄花菜是萱草花植物的一种，除黄花菜外的萱草属植物多半不能食用。新鲜黄花菜含有少量秋水仙碱，应先制成干品，经过高温烹煮或炒制才能食用。

陈胜与萱草花

相传，大泽乡起义前的陈胜，家境十分贫困，因为家中无米下锅，不得不出去讨饭度日。加之营养缺乏，陈胜得了全身水肿症，胀痛难忍。

有一天，陈胜讨饭到一户姓黄的母女家，黄婆婆是个软心肠，她见陈胜的可怜模样，让他进屋，给他蒸了三大碗萱草花让他吃。对当时的陈胜来说，能解决饥寒交迫的萱草花，不亚于山珍海味。只见他狼吞虎吞，不一会三大碗萱草花就全进他的肚子里去了。几天后，全身水肿便消退了。陈胜十分感谢黄家母女，并表示今后会报答的。

大泽乡起义后，陈胜称王之时，他没有忘记黄家母女。为感谢黄家母女的恩情，陈胜将她们请进宫里。每天摆酒设宴，但那无数佳肴珍馐都引不起陈胜的食欲。突然，陈胜想起了当年萱草花的美味，便请黄婆婆再蒸一碗给他吃。黄婆婆又采了一些萱草花，亲自蒸好送给陈胜。陈胜端起饭碗，只尝一口，竟难以下咽，连说："怎么回事，味道不如当年了，这可太奇怪了。"黄婆婆说："实际没什么可奇怪的。这真是饥饿之时萱草香，吃惯酒肉萱草苦啊！"一席话，惭愧得陈胜跪倒在地连连下拜。黄婆婆连连说："使不得，使不得。"忙把陈胜扶起来。

从此，陈胜将黄家母女留在宫中，专门种植萱草，并时常吃它。同时，又给萱草另外取了两个名字，一名为"忘忧草"，一名为"黄花菜"。因为黄婆婆的女儿名叫金针，而且萱草叶的外形与针很像，所以人们又叫它"金针菜"。

消息一传开，人们就纷纷用萱草根来治疗水肿病症，后来被郎中经过反复应用成为一味常用中药。

郁金香

兰陵美酒郁金香，玉碗盛来琥珀光。
但使主人能醉客，不知何处是他乡。

——《客中行》（唐）李白

一、物种本源

拉丁文名称，种属名

郁金香（*Tulipa gesneriana* L.），是一种常见的多年生草本植物，它被归于百合科郁金香属，通常又被称为荷兰花、洋荷花等。

形态特征

郁金香花单生于茎顶端，花长为5.0~7.0厘米，宽为2.0~4.0厘米，整株植株最高可达40厘米；郁金香花色具有多种颜色，如白色、粉色、浅绿色、黄色以及紫红色等。

习性，生长环境

郁金香性喜阳光，为长日照花卉，耐寒不怕热，适宜微酸性沙质土壤，花期为4—5月份。据记载，其原产于地中海沿岸，在荷兰、土耳其等国家被誉称为国花，后被各地引入培育、广泛栽培，备受人们喜爱，目前全世界已经培育出八千多个品种，在中国境内，大多数省份都有种植。

二、营养及成分

据测定，郁金香花中含有黄酮类、维生素类、水杨酸等成分，雌蕊、茎、叶中含有活性抗菌郁金香苷A、郁金香苷B和少量郁金香苷C，但久置时，郁金香苷A和郁金香苷B会部分转化为非活性郁金香苷A和郁金香苷B。

三、食材功能

性味 性平，味苦、辛。

归经 归肺经。

功能

（1）抑菌作用。现代科学研究表明，郁金香的花中含有有毒生物碱，如郁金香苷A、郁金香苷B和少量郁金香苷C，对革兰阳性菌和革兰阴性菌均有明显抑制作用。

（2）食用价值。郁金香的鳞茎中含有较多的淀粉，可以作为食材食用，其与多种根茎状蔬菜一起食用，营养丰富。

（3）其他功效。据《本草拾遗》记载，郁金香主一切臭，除心腹间恶气鬼疰，入诸香药用之。据《开宝本草》记载，郁金香主蛊野诸毒、心气鬼疰、鸦鹘等臭。郁金香有化湿辟秽的功效，主治脾胃湿浊、胸脘满闷、呕逆腹痛、口臭苔腻。

四、烹饪与加工

郁金香花茶

（1）材料：新鲜郁金香花朵。

（2）做法：采取新鲜郁金香花朵，洗净沥干水分，阴凉处晒干，饮用时取干燥郁金香花蕾适量，同时也可与其他花茶混合泡制饮用。

（3）功效：软化皮肤角质、促进血液循环，使皮肤保持年轻态。

郁金香花茶

郁金佩兰茶

（1）材料：郁金香、佩兰各6克，柚子皮3克。

（2）做法：上述材料沸水闷泡10分钟即可。

（3）功效：祛湿除胀，理气。适用于气满胸腹、口臭、不思饮食等症。

五、食用注意

郁金香含有少量毒性生物碱（如秋水仙碱等），故不宜多服久服，应遵医嘱。

郁金香的传说

从前，有一个漂亮的女孩，她聪慧善良，性格开朗。在一个温暖的春天，女孩提着装满种子的篮子，到处播撒，期待着给春天增添美丽的色彩。

漂亮的女孩累了，找了一条阴凉的河边坐下休息。天上的风神偶然发现了她，情不自禁地爱慕上她，想娶她为妻。

女孩发现后，害怕地躲在花丛下。风神没有放弃，继续追求她，但未能实现目标，只好过着悲伤的生活，越来越不快乐。

有一天，不理智的风神看见那个正在草地上采花的女孩，像猎人追着野兽一样追逐着女孩。女孩害怕地躲起来。可怜的女孩太累了，只好求助于善良的仙女。

风神正要抓住那个女孩时，女孩突然不见了，原地只有一朵美丽的花。据说这是仙女为了救那个女孩把她变成的花。后来为了纪念女孩，人们给它取名为郁金香。

玉簪花

宴罢瑶池阿母家，嫩琼飞上紫云车。
玉簪堕地无人拾，化作东南第一花。

——《玉簪》（北宋）黄庭坚

一、物种本源

拉丁文名称，种属名

玉簪花，是一种多年生宿根植物玉簪［*Hosta plantaginea*（Lam.）Aschers］所开花朵，玉簪为百合科玉簪属。

形态特征

玉簪花的主要别名有玉泡花、玉春棒等，花通常单生，也有2～3朵簇生，长约12厘米，外有卵形或披针形苞片，花色通常为白色，也有呈淡紫色的，具芳香。

习性，生长环境

玉簪花在每年的7—9月份开花，是典型的喜阴植物，不耐阳光，尤其强光照射时其叶片会出现发黄症状；比较耐寒，在冬季不用人工保护即可度过冬季，但地面以上经霜打部分会枯萎次年重发新芽。据资料记载，玉簪花原产于中国和日本，后因观赏性较强，被世界各地广泛引入培育种植。目前世界各地均有栽培，我国大多数省份也有栽培，常被种植在浅滩或公园池塘边作为绿化植物。

二、营养及成分

玉簪花中含有丰富的甾体皂苷，此外经测定还含有黄酮类物质、生物碱、糖苷类物质、脂肪酸等。这些物质都有一定的生物功能性价值，能够起到抗菌消炎以及缓解疼痛的作用。

三、食材功能

性味 性凉，味苦、甘。

归经 归肺、肾经。

功能

（1）镇痛作用。玉簪花醇提取液具有一定的镇痛作用。有科学研究者用不同剂量的醇提取液对小鼠进行灌胃，然后利用热板法以及醋酸扭体法观察其镇痛作用，结果发现玉簪花醇提取液能显著地提高小鼠的痛阈，减少扭体反应次数，最终得出的结论为，玉簪花醇提取液镇痛效果较好，且具有一定的剂量效应关系。

（2）抑菌作用。玉簪花提取物具有一定的抑菌作用，研究者为研究玉簪花的不同萃取部位的体外抑菌效果，采用平皿法进行实验研究，结果表明正丁醇以及乙酸乙酯萃取部位对常见致病细菌（如金黄色葡萄球菌、白色葡萄球菌、绿脓杆菌、大肠杆菌、痢疾杆菌等）均有比较好的抑菌效果。也有研究者采用琼脂平板滤纸片扩散法进行研究，结果发现以上两个提取部位对不同的微生物的抑制情况有所差别，并推断出其主要抑菌作用物质可能为其中的黄酮类以及皂苷类。

（3）清热解毒、利水、通经作用。玉簪花药物功效是清热解毒、利水、通经。据《中华本草》记载，其主治咽喉肿痛、疮痈肿痛、小便不利、经闭。此外，玉簪花对肺热、咽喉肿痛、嘶哑、胸热、毒热等症状也有缓解作用。

四、烹饪与加工

玉簪花粥

（1）材料：玉簪花、红花、粳米、红糖等。

（2）做法：将适量玉簪花、红花煎取浓汁去渣，备用；将适量粳米放入锅中，加水适量，大火煮沸后添加玉簪花、红花药汁及红糖，小火慢煮约半小时即可饮用。

（3）功效：喝玉簪花粥，能够有效及时改善体内炎症症状，保持健康活力。

玉簪花茶

（1）材料：玉簪花。

（2）做法：选用新鲜直接采摘的玉簪花，剥瓣用盐水洗净，除杂备用；锅中添加适量水，煮沸后加入备好的玉簪花，停火焖盖两分钟，即可饮用（饮用需适量，或遵医嘱）。

（3）功效：玉簪花茶可清热解毒，止痛消肿，但因其有微毒，不可一次大量或长期饮用。

玉簪花茶

玉簪花药酒

（1）材料：玉簪花、芙蓉叶、藕节、车前子、白酒等。

（2）做法：将玉簪花与芙蓉叶、藕节、车前子等，按照一定配比添加到白酒中浸泡，过滤后即得。

（3）功效：适量饮用可有效排毒、消炎、活血化瘀。

五、食用注意

玉簪花微毒，需谨慎食用，遵医嘱，不可长期食用。

玉簪花的由来

相传王母娘娘有三个女儿，王母娘娘对她们管束甚严。三个女儿整天被关在深宫里弹琴、绣花、习字，不准离宫门半步。

一次，在瑶池举行蟠桃盛会，各路神仙均到此为王母娘娘祝寿，她才允许宫内三姐妹前来为之助兴。盛会酒宴结束，王母又令三姐妹乘紫云车回宫。

小女儿在途中看到脚下人间美景：桃红柳绿，清水潺潺，男耕女织，孩童嬉戏，鸡鸣狗吠……产生了下凡一游的愿望，谁知王母早就看透小女儿的心思，随即指令紫云车飞速奔驰，任凭三姐妹怎样施法术，也无法使车速减慢。小女儿自感无法脱身，只好拔出发髻上的白玉簪代己下凡。

玉簪掉落在江南的山沟里，此地人迹罕至，无人发现，天长地久，玉簪被泥土掩盖，屡经阳光、和风、雨露孕育，终于化成一株翠绿的植物，直挺的茎上长出像玉簪似的花蕾，花蕾绽放，散发清淡优雅的香气。年复一年，玉簪花开了又谢，谢了又开，由一株繁衍成一片。

一天，有个青年农民发现这玉簪花，就挖了一丛养在家里。此事一传开，人们都赶来观赏，青年把花株及花籽赠给他们，慢慢地玉簪花成了家庭观赏花。因其花形奇特高雅，备受众人仰慕，便美其名为“江南第一花”。

百合花

真葩固自异，美艳照华馆。
叶间鹅翅黄，蕊极银丝满。
并萼虽可佳，幽根独无伴。
才思羡游蜂，低飞时款款。

——《百合花》
（北宋）韩维

一、物种本源

拉丁文名称，种属名

百合花，是一种常见的多年生草本球根植物百合（*Lilium brownii* F. E. Brown var. *viridulum* Baker）所开花朵，百合被归于百合科百合属；百合花又名番韭、山丹、重迈、中逢花、百合蒜以及夜合花等。

形态特征

百合花花朵较大，单生或簇生于顶端，花被片有6枚，通常靠合呈喇叭状，百合花花色较多并且鲜艳，常见有白色、黄色、红粉色、红色等。

习性，生长环境

百合花一般在7月份开花，喜欢阳光充足、空气温和湿润的地方，比较怕高温但比较耐寒冷，在夏季温度达到30℃以上时，不能较好地生长；冬季温度低于10℃以下时生长比较缓慢，通常在15～25℃最为适宜。据资料记载，百合花原产于北半球的温带地区，主要分布于亚洲东部、欧美等国家，现已被世界各地广泛引入种植培育，目前全球共有一百多个品种，其中我国拥有将近一半的品种，近年来还不断培育出许多新型杂交品种。

二、营养及成分

百合花中含有较多的碳水化合物、脂肪、矿物质、氨基酸、维生素等物质。此外，百合花中还含有一些醇类、多酚类、黄酮类、烯烃类、酯类化合物，有着较强的生物活性功能。

三、食材功能

性味 性寒，味甘。

归经 归心、肺经。

功能

（1）滋养肌肤作用。百合花富含抗氧化性多糖成分以及维生素与矿物质元素，具有较好的滋养肌肤的功效。机体摄入百合花以后，这些物质可以促进皮肤细胞再生，而且能清除皮肤深层的毒素，加快人体皮肤的新陈代谢，使肌肤变得细腻光滑。

（2）宁心安神作用。百合花不但可以食用，还可以入药，它入药以后能入心经，是一种能宁心安神的中药材。若人们出现失眠多梦、心情抑郁以及焦虑、头晕等不良症状时，都能通过食用适量百合花来调理。百合花可以直接用开水泡制饮用，也可以与别种具有镇静安神效果的中药材混合泡制服用。

（3）滋阴润肺作用。百合花入药以后，既能滋阴润肺、清热解毒、有效缓解肺热咳嗽症状，也能用于肺燥或肺热咳喘等高发疾病的治疗，治疗功效特别出色。

（4）治疗小儿天疱疮。《本草纲目》中记载，百合花可用于小儿天疱疮，将其曝干研成粉末，用菜子油混合将其涂抹在患处，症状能得到有效缓解。

四、烹饪与加工

百合花粥

（1）材料：新鲜百合花、粳米、蜂蜜或白砂糖。

（2）做法：采取新鲜百合花，去杂洗净备用。将粳米淘净置于锅中，加入适量清水，大火煮沸后转小火熬制。待粳米软糯，揭盖加入备好的百合，加盖继续熬制5~10分钟即可食用，也可根据自身口味添加适量的蜂蜜或白砂糖。

（3）功效：养阴润肺，宁心安神。

百合花粥

百合花茶

（1）材料：百合花15克。

（2）做法：将百合花洗净，放入瓷杯中；用沸水冲泡，代茶饮。

（3）功效：清心安神，尤适用于眩晕之症。

百合花茶

百合菊花茶

（1）材料：百合花4朵，杭白菊5朵，蜂蜜适量。

（2）做法：将准备好的百合花、杭白菊洗净之后放入茶壶中；向装有原料的茶壶中倒入500毫升的沸水；加盖闷制5分钟之后，即可加入蜂蜜开始饮用。

（3）功效：百合菊花茶拥有滋阴补肺、补气益中、清心安神的功效，因此，饮用百合菊花茶可以帮助深受失眠、高血压、高血脂困扰的人们摆脱这些症状的纠缠。

五、食用注意

（1）寒性体质或脾胃虚寒的人群禁止服用。百合花性质微寒，服用后容易出现腹泻。

（2）处于孕期的女性也不宜服用百合花。

“百合”名字的由来

传说早年间四川一带有个国家叫蜀国。国君与王后恩爱有加，他们生有15个王子。在国君与王后年事渐高以后，国君又娶了一个年轻貌美的妃子，这妃子入宫第二年就给老国君又添了一个小王子。

国君老年得子，十分高兴，倍加宠爱。王妃的想法可不一样，她想到的是自己生的这个小王子若想继承王位，是怎么也斗不过王后生的那15个王子的，于是她就向国君进谗言，说王后教唆着那15个王子要造反。国君年纪大了，不免昏庸，不辨是非，就下令将王后和15个王子都驱赶出境。

蜀国的邻国叫滇国，滇国本来就对蜀国虎视眈眈，想侵占蜀国的土地。现在见蜀国国君如此昏庸无道，居然连自己的亲生儿子都赶出国境，认为时机已到，便马上发兵攻打蜀国。

蜀国本来国力强盛，但文武大臣们自从见到国君宠幸王妃，听信谗言，赶走王后和王子，也都人心涣散，不愿为国君效力了，所以，滇国的军队攻城夺地，很快就逼近蜀国国都了，形势万分危急。

国君在束手无策之际，只好亲自督阵。可是他年岁大了，体力不济，加上威信丧失，军队中人人只顾自保性命，无人肯冲锋陷阵。

正在这时候，国君忽然看见远处来了一队人马，人数不多，却英勇异常，直奔入敌人阵营，一阵猛冲猛杀，竟然把敌军杀得人仰马翻，剩下的少数敌军也狼狈逃窜而去。待国君带领军队迎上前去，才看清楚原来这一支仿佛从天而降的援军，竟然是被自己驱逐出境的15个王子，以及他们带领的家丁们。

当时，国君又高兴又惭愧，激动得不知说什么才好。这时一位老臣赶上前来，对国君说：“皇上，家和万事兴呀！你该把王后和王子们都接回宫来，一家人团团圆圆才能安家兴国。”大王子说：“父王，请您放心，母后一贯教导我们要团结一心，共同辅佐父王，更要我们善待王妃与小弟，我们15个兄弟永不分离，一定会帮助父王共同治理国家。”国君老泪纵横，激动得说不出话来。以后当然是接回了王后和15个王子，王妃也知错认错了，蜀国从此更强盛发达了。

不久，奇特的事情发生了。那就是在王子们当年与敌军作战的高山林下，不知何时长出了一种奇异的植物。后来，人们根据其地下茎层层叠合的特点，并联想到众子合力救蜀王的故事，便给它取了一个象征兄弟团结的名字——百合。

现代人也以百合比喻爱情“百年好合”。

益母草花

有草人不识，弃之等蒿莱。时来见任使，到口生风雷。
溲也佐未足，益以蜜与醅。生者得其养，死者无遗胎。
岐黄开本草，夭札人所哀。一物具一用，神功不可猜。
佳名夙所慕，广济真天才。

——《益母草》（明）陈献章

一、物种本源

拉丁文名称，种属名

益母草花，是一种常见的一年生或二年生草本植物益母草（*Leonurus japonicus* Houtt.）所开花朵，益母草被归于唇形科益母草属，通常又被称为茺蔚花。

形态特征

益母草花颜色为淡紫色至淡棕色，它的中央裂片呈现倒心形状，植株茎直立，茎背部被短状白毛，高度为30～120厘米。

习性，生长环境

益母草通常生长于田间路旁、河流梁岸或山坡草地，尤以向阳地带为多，生长地海拔最高可达3 000米以上。益母草在我国种植已经有多年历史，目前在我国大部分地区均有分布。

二、营养及成分

益母草花中功能性成分丰富，其含有蛋白质、可溶性糖类、维生素等多种营养成分，另外还含有多糖类、黄酮类物质等抗氧化成分。

三、食材功能

性味 性平，味微苦、甘。

归经 归肺、肝经。

功能

（1）养血，活血，利水。主治贫血，疮疡肿毒，血滞经闭，痛经，产后瘀阻腹痛，恶露不下。

（2）其他功效。相关实验证明，益母草花提取物有明显兴奋子宫作用，并具有收缩血管、短时间降低血压，兴奋呼吸中枢及抵抗皮肤真菌的作用。

四、烹饪与加工

益母草花猪肉汤

（1）材料：新鲜益母草花、猪肉、鸡蛋等。

（2）做法：采取新鲜益母草花，去杂洗净备用；将猪肉洗净切片待用；将鸡蛋煮熟后剥壳。肉片入锅，大火烧水至沸腾后，撇去浮沫，加入益母草花、去壳鸡蛋、香油适量、调味料适量，小火煮至猪肉烂熟即可。

（3）功效：汤鲜美可口，营养丰富同时又益气养生。

益母草花茶

（1）材料：益母草花10克。

（2）做法：砂锅中注入适量清水，用大火烧开；倒入备好的益母草

益母草花茶

花，搅拌片刻；盖上锅盖，大火烧开后转小火，煮30分钟至析出有效成分；掀开锅盖，持续搅拌片刻；关火后将煮好的益母草茶盛出，装入杯中即可。

（3）功效：益母草具有活血调经的作用，本茶具有益气补血、清热凉血等功效。

益母草花人参炖鸡

（1）材料：益母草花10克（鲜品20～30克）、人参25克、鸡脯肉100克、熟火腿片50克、蛋清1个。精盐1.5克、味精2.5克、酒10克、淀粉10克、鲜汤1000克。白糖、葱姜适量。

（2）做法：益母草花去梗、萼，洗净。人参洗净，切成薄片，放入汤碗里，加鲜汤并盖上盖，上笼蒸至熟透取出。鸡脯肉切坡刀片，用蛋清、精盐、淀粉拌和上浆。火腿切成薄片。锅内加鲜汤烧开，放入上浆的鸡片划散，取出沥去水分。原锅倒入蒸人参的汤汁，放入火腿、精盐、酒、白糖、葱姜水，烧开后撇去浮沫，放入益母草花瓣、鸡片、味精、人参，改慢火煨片刻，起锅倒入汤碗内即可。

（3）功效：补气益血强壮，祛淤调经安神，安生胎、行淤血、生新血。用于气血津液不足、劳伤虚损瘦弱、妇女产前产后诸疾患，及经痛、经闭、月经不调等症。

五、食用注意

脾虚泄泻的人要谨慎食用。

益母草花的来源

故事发生在豫西地区伊洛河畔的一个小山村中，村里有一个叫茺蔚的小孩，他的母亲在生他时得了“月子病”，久治不愈，几年之后，身体越来越虚，竟至卧床不起。小茺蔚懂事之后，床前床后，端茶送水，非常孝顺。眼看着母亲的病越来越重，他就暗下决心，一定要把母亲的病治好。于是他就外出为母亲问病求药，他沿着伊洛河走啊走啊，逢人便问，见草就挖，也没找到能治好母亲疾病的神医良药。

有一天晚上，他借宿白庙，庙内老僧见他救母心切，便送了他四句诗，让他去找一种治病的草药。诗云：“草茎方方似黄麻，花生节间节生花，三棱黑子叶们似艾，能医母疾效可夸。”小茺蔚就顺着河岸找了起来，功夫不负有心人，他终于找到了那种茎呈四方形，节间开满紫红色小花，结有黑色三棱形小果实的植物。母亲服用后不久，多年的病痛竟痊愈了。小茺蔚又把这种草药介绍给其他患月子病的妇女，也都收到了很好的疗效。由于这种草是茺蔚为医治母亲的病而找到的，且又益于妇女，人们就将其命名为益母草，它的种子就叫作茺蔚子了，它的花自然常被称为“益母草花”。

杜鹃花

愁锁巴云往事空，只将遗恨寄芳丛。
归心千古终难白，啼血万山都是红。
枝带翠烟深夜月，魂飞锦水旧东风。
至今染出怀乡恨，长挂行人望眼中。

——《杜鹃花得红字》（南宋）
真山民

一、物种本源

拉丁文名称，种属名

杜鹃花，是一种常见的多年生落叶灌木杜鹃（*Rhododendron simsii* Planch.）所开花朵，杜鹃被归于杜鹃花科杜鹃花属，又被称为映山红、山石榴等。

形态特征

杜鹃花是顶生，每枝上面有2～6朵花，单瓣或重瓣；花色比较多，常见的如玫红色、暗红色等。通常来说，杜鹃花是倒卵形的，上多生有深红色斑点，花冠长2.5～3.0厘米，花丝的形状为线状。

习性，生长环境

杜鹃花在凉爽通风、温度适宜、土壤酸性处长势较好，其不耐高温和寒冷，不耐日晒，强光照可导致其叶被灼伤，但不同品种耐受性会有不同。4—5月份是杜鹃花的花期。杜鹃花最早起源于东亚地区，后被各个国家引入，目前分布较为广泛。杜鹃花在我国栽培历久悠久，常常在南方种植，因颜色鲜艳美丽，广受园艺爱好者喜爱。

二、营养及成分

杜鹃花中含多种功能性营养成分，如多糖类、多酚类、蛋白类、脂肪酸、吡喃酮、单糖苷和木脂素等，化合物种类多样，营养价值较高。

三、食材功能

性味 性寒，味苦。

归经 归肝、脾、肾经。

功能

（1）镇咳、祛痰、平喘作用。杜鹃花药理活性的相关研究表明，其中含有的杜鹃红、槲皮素等黄酮类物具有较好的对止咳平喘作用，目前已广泛用于镇咳药剂制作。此外，其中所含的挥发油也有一定的清肺止咳作用。

（2）美容作用。相关实验表明，杜鹃花萃取液可以明显延缓皮肤中角质细胞的增长，也能有效地对皮肤中沉淀的黑色素进行分解，进而保持皮肤内环境的酸碱值平衡，维持肌肤水油平衡，使得皮肤细腻有光泽。

（3）消炎作用。相关经典古籍中指出杜鹃花具有调血通经、消除炎症等功效，可以用来治疗荨麻疹、急性或慢性支气管炎。

四、烹饪与加工

杜鹃花麦芬

（1）材料：杜鹃花、牛奶、植物油、鸡蛋液、白砂糖、蜂蜜、面粉等。

（2）做法：将新鲜杜鹃花洗净晾干，切碎备用，碗中加入适量牛奶，滴入适量植物油，之后加入鸡蛋液混合搅拌均匀（同时亦可根据自身口味添加适量白砂糖或蜂蜜）。随后将面粉少量分次加入其中，用力搅拌揉捏成团后，醒发 20~30 分钟；同时预热烤箱到 180 度。将醒发好的面团放入模具，制作成各种形状后，放入烤箱烤制 20 分钟后即可食用。杜鹃花麦芬香甜软糯，口感怡人。

杜鹃花麦芬

杜鹃花炒蛋

（1）材料：新鲜杜鹃花、植物油、鸡蛋液、食盐等。

（2）做法：取新鲜杜鹃花适量，清洗后加入锅内小火焙干，盛出切碎备用。锅内加入适量植物油，倒入提前搅拌的鸡蛋液，添加食盐，小火微炒至金黄色时加入备好的杜鹃花，翻炒片刻即可出锅。

五、食用注意

（1）杜鹃花有些品种具有毒性，如羊踯躅、大白花杜鹃和牛皮杜鹃等，故不可随意食用。

（2）杜鹃花食用前最好进行去花蕊去花托处理，并且用清水洗净后放入沸水中焯水2分钟左右，沥干水分晾干储藏备用。杜鹃花食用前处理不当或是一次性大量食用，会引起中毒现象，出现恶心呕吐、头晕眼花等症状。

花鸟同名的传说

相传，古代的蜀国是一个和平富庶的国家，那里的人们丰衣足食，无忧无虑，生活得十分幸福。可是，无忧无虑的富足生活，使人们慢慢地懒惰起来。他们一天到晚，醉生梦死，纵情享乐，有时连播种的时间都忘记了。

蜀国的皇帝，名叫杜宇。他是一个非常负责而且勤勉的君王，看到人们乐而忘忧，他心急如焚。为了不误农时，每到春播时节，他就四处奔走，催促人们赶快播种。可是，如此年复一年，反而使人们养成了习惯，杜宇不来就不播种了。终于，杜宇积劳成疾，离开了人世。

他的灵魂化为了一只小鸟，每到春天，就四处飞翔，发出声声的啼叫“快快布谷，快快布谷”，直叫得嘴里流出鲜血。杜鹃鸟嘴角上有一红斑，像凄叫时滴出的鲜血，蜀人都说，这是蜀王的归魂悲泣到呕血。鲜红的血滴洒落在漫山遍野，化成一朵朵美丽的杜鹃花。世人就说杜鹃花是杜鹃鸟啼血染成的，故花与鸟同名。

传说给杜鹃花增添了一层迷人的色彩，而唐朝诗人白居易那两句：“回看桃李都无色，映得芙蓉不是花。”更是对杜鹃花的高度赞美。如果说把杨贵妃喻为国色天香的牡丹花，那杜鹃花就是人间的西施。

葛花

深山野葛藤蔓长，攀树缘枝绕屋墙。
刘伶若是醉荫下，花自解醒梦更香。

——《咏葛花》（清）陈上则

一、物种本源

拉丁文名称，种属名

葛花，是一种常见的多年生草质藤本植物葛［*Pueraria montana var. lobata*（Willdenow）& S. M. Almeida ex Sanjappa & Predeep］所开花朵，葛被归于豆科葛属。葛花在中医上通常指干燥花，又名葛条花。

形态特征

葛花呈顶生或腋生，花蕾多为扁圆形，颜色通常呈紫色或蓝紫色，气味较淡。

习性，生长环境

葛花喜阴凉潮湿环境，野葛花通常生长在山坡阴湿处、路两边的草丛中、山野丛林中，对温度的适应性较强，花期在4—8月。据资料记载，葛花在我国已经有很长的栽培历史，目前在我国很多省份均有广泛分布，其已经被广泛应用到药品、保健品行业。

二、营养及成分

新鲜葛花中含有糖类、蛋白质、脂肪、矿物质、维生素以及丰富的挥发油，其中挥发油中主要有丁香油酚、芳樟醇、甲酯类、黄酮类、花苷类、甾醇类等功能性成分。

三、食材功能

性味 性凉，味甘。

归经 归脾、胃经。

功能

（1）解酒保肝作用。葛花中含有的皂角苷、异黄酮类物质，能够加快肝脏对乙醇的代谢。针对葛花提取物的醒酒作用，有研究者发现在饮酒前服用葛花解酒类物质，有利于机体在肝脏、胃等器官部位形成保护层，减缓机体对酒精的吸收；若在酒后饮用，葛花中的异黄酮类物质能够有效降低血液中酒精浓度，降低心肌细胞耗氧速率，从而起到保护心血管系统的作用；此外还有利于加强泌尿系统功能，通过加速排尿，有效缓解头晕目眩、恶心等醉酒症状。

（2）其他功效。据《本经逢原》记载：葛花，能解酒毒，葛花解醒汤用之，必兼人参。但无酒毒者不可服，服之损人天元，以大开肌肉，而发泄伤津也。据《滇南本草》记载：治头晕，憎寒，壮热，解酒醒脾，酒痢，饮食不思，胸膈饱胀，发呃，呕吐酸痰，酒毒伤胃，吐血，呕血，消热。据《本草纲目》记载：治肠风下血。据《医林纂要》记载：清肺。据《中药大辞典》记载：葛花“解酒醒脾，治伤酒发热烦渴，不思饮食，呕逆吐酸，吐血，肠风下血”。

四、烹饪与加工

葛花茶

葛花茶

（1）材料：新鲜野葛花、菊花、金银花等。

（2）将新鲜野葛花洗净，沥水晾干后，利用微波进行干燥制得干制葛花。将干制葛花与其他花茶如菊花、金银花等混合，沸水泡制饮用。

（3）功效：可以起到解酒以及增加酒量的功效。

葛花粉丝汤

（1）材料：新鲜葛花、淀粉、小麦粉、鸡蛋液、水、粉丝、千张、葱、姜、盐等。

（2）做法：采摘新鲜葛花，洗净去杂，置于容器中，加入适量的淀粉和小麦粉，再加入适量的鸡蛋液和水，搅拌均匀，备用。锅中添加食用油，烧热，将葛花糊薄薄一层放入锅底进行煎制，至金黄色即可盛出切小块，备用。锅中加入清水，放入小葱、姜片、食盐，大火煮开后放入粉丝、千张适量，煮熟后加入备好的由葛花糊制成的小块，焖煮1分钟即可盛出食用。

（3）功效：葛花粉丝汤有护肝养胃的作用，对身体有益。

五、食用注意

葛花性质温和，无毒副作用，平时人们食用时安全系数比较高，但是不能过量食用，不然会加重身体负担，会让身体出现低血压或者心动过慢等不良症状，会对人体健康造成一些不良的影响。

葛花解酒的传说

从前，在河南一个小镇里，住着一名叫张三江的人，是个有名的吝啬鬼。他开了一间叫“张昌记”的酒店，他对顾客刻薄得要命，店里卖的酒，十斤兑有三斤水。

有一天，张三江从城里买了一担烧酒，雇脚夫挑回家。在过一座小桥时，不料，脚夫一下被绊倒在地，两只酒坛跌得粉碎，上等烧酒四处流淌。张三江一见，心真比割肉还痛，急得捶胸顿足，毫无办法。

突然，他看见酒坛跌碎的地方，汪着一些烧酒，眼看就要渗光，心想：既然捧不回来，就喝个够吧。他扑了过去，大口大口地喝起来，张三江平时酒量就不大，顷刻之间，就醉死过去了。

脚夫吃了一惊，顿足大叫：“救命呀，救命！”正在附近耕田的一个农民闻声赶来，见这情景，急忙说：“快，把他浸在溪水里凉凉，再去叫医生。”两人扛起张三江，把他放在溪水里。

脚夫飞奔进村，寻得一位老医生，等到他们回来的时候，看见张三江从水中爬了上来，他们都惊呆了，急问是怎么回事？张三江说：“我也不知道，只觉得朦胧中喝了几口溪水，就感到清凉舒服，头脑也清醒了一些。”

医生听了，细细一想，觉得这溪水里面一定有秘密，便细心察看，发现水底下沉着一层小白花。心想，这小白花一定是能醒酒的药，便顺溪水往上游走，发现岸边长满了葛藤，藤上开满了这种小白花。

合欢花

一树高花冠玉堂，知时舒卷欲云翔。
马嘶不动游缨耸，雉尾初开翠扇张。
旧渴未须餐玉屑，嘉名端合纪青裳。
云窗雾冷文书静，留取余清散远香。

——《玉堂合欢花初开郑潜昭率同院赋诗次韵（其一）》（元）袁桷

一、物种本源

拉丁文名称，种属名

合欢花，是一种常见的多年生落叶乔木合欢（*Albizia julibrissin* Durazz.）所开花朵。合欢被归于豆科合欢属，常见有合欢、金合欢、大叶合欢、美洲合欢等品种；主要别名有马缨花、绒花树、夜合花、蓉花树等。

形态特征

合欢花顶生，花序呈圆锥状，花色为粉红色，微香。合欢树最高可达16米，生长比较迅速。

习性，生长环境

合欢花的花期通常在6—7月份。合欢树喜温暖湿润、阳光充足的环境，对气候和土壤适应性强，宜在排水良好的肥沃土壤上生长，也耐瘠薄土壤和干旱气候，但不耐水涝。此外，合欢树还可以吸收有毒有害气体，如氯化氢、二氧化硫等。据资料记载，合欢原产于中国、日本、韩国等亚洲地区，目前在我国主要分布于华南、华东、黄河流域至珠江流域等地，合欢树夏季枝繁叶茂、花朵遍开，观赏性较强，再加上其名字寓意较好，广受社会大众喜欢。

二、营养及成分

合欢花中含有大量的黄酮类、多酚类、苷类化合物，主要为槲皮苷、异槲皮苷、芦丁、槲皮素、山萘酚等，主要芳香成分为芳樟醇，异戊醇，α–罗勒烯、葡萄糖苷等。

三、食材功能

性味 性平，味甘。

归经 归心、肝经。

功能

（1）抗抑郁作用。合欢花为常用的抗抑郁中药之一，其水提取物具有一定的抗抑郁作用。研究者用小鼠建立抗抑郁剂评价模型，以市售抗抑郁药地西帕明（desipramine）为阳性对照，用不同剂量的合欢花提取物对小鼠灌胃并进行实验发现，当灌胃剂量达到一定剂量时，能够明显增加小鼠的自发活动，减少动物的抑郁倾向，且抗抑郁效果与地西帕明相当。

（2）镇静安眠作用。科学研究者将合欢花醇提取物用不同溶剂再次萃取，并分别研究不同萃取部位的功效，结果发现其中乙酸乙酯萃取部位可明显减短实验动物的睡眠潜伏期，并且可明显增长阈剂量戊巴比妥钠所致的睡眠时间，这说明乙酸乙酯萃取部位中含有的功能性成分具有较好的镇静安眠药效，可展开进一步研究，以更好地用于临床治疗失眠症状。也有研究者以酸枣仁水煎剂作为阳性对照分别考察了合欢花、南蛇藤果实水煎剂对小白鼠产生的镇静、安眠作用，结果表明，合欢花镇静、安眠作用最显著。

（3）其他功效。据《饮片新参》记载，合欢花“调和心志，开胃，理气解郁，治不眠”。《中草药学》记载，合欢花“解郁安神，和络止痛，治肝郁胸闷，忧而不乐，健忘失眠，有时还用于跌打损伤，痈肿疼痛”。《医学入门·本草》载：合欢花“主安五脏，利心志，耐风寒，令人欢乐无忧，久服轻身明目”。《神农本草经》载：“主安五脏，和心志，令人欢乐无忧”。《中国药学大词典》载：“合欢树植于庭院，使人不忿而欢乐，故有萱草忘忧，合欢蠲忿之称。”

四、烹饪与加工

合欢花猪肝瘦肉汤

（1）材料：合欢花、猪肝、瘦肉、调味料等。

（2）做法：将合欢花去杂，浸泡洗净，备用。取猪肝洗净切小片，瘦肉切丝，两者混合用调料拌匀腌制片刻。放入煮沸的开水中，文火煮制约半个小时后加入适量备好的合欢花，再次调味后，煮沸即可。

（3）功效：养肝舒肝，解郁安神。

合欢花粥

（1）材料：合欢花30克，大米50克，红糖适量。

（2）做法：将大米用清水清洗干净，合欢花用清水略微冲洗，与红糖一起放入锅内，加清水500毫升，用文火烧至粥稠即可。

（3）用法：每晚睡前1小时空腹温热顿服。

（4）功效：调理失眠。

合欢花茶

（1）材料：合欢花6克。

（2）做法：取一个杯子，倒入备好的合欢花；倒入开水；盖上盖，泡约10分钟至其浸出有效成分；揭盖，待稍凉后即可饮用。

（3）功效：合欢花茶具有开胃、明目、解郁安神、理气开胃、通经活络等作用，能有效缓解头痛。

合欢花茶

五、食用注意

阴虚津伤者慎用。

合欢花的由来

古时泰山脚下有个村子，村里有位何员外晚年生得一女，取名欢喜。这姑娘生得聪明美貌，何员外夫妻俩视若掌上明珠。

欢喜18岁那年清明节到南山烧香，回来得了一种难治的病，精神恍惚，茶饭不思，请了许多名医，吃了很多药，都不见效。因此，何员外贴出告示，重金酬谢能够医治小姐疾病者。

西庄有一位秀才，眉清目秀，文才过人，还精通医道，却苦于无钱进京赶考。看到告示，秀才便揭榜进门。

见到小姐，秀才即全然知晓病情，原来那日小姐南山烧香，与秀才邂逅，喜欢上他了，回家后日夜相思，此番见到秀才，病就好了一大半。

于是，在诊脉后秀才说："这位小姐是忧思成疾，情志郁结所致。"又说南山上有一棵树，人称"有情树"，羽状复叶，片片相对，而且昼开夜合，其花如丝，清香扑鼻，可以清心解郁，定志安神，煎水饮服，可治小姐疾病。

听了秀才的话，员外随即派人和秀才一起前往南山采集此花。按照秀才所讲方法，小姐服用后，不久痊愈，因此对秀才更生好感。

在小姐的资助下，秀才进京赶考，考中状元，又赢得小姐芳心，金榜题名之时，即为洞房花烛之夜。后来，人们便把这种"有情树"叫作合欢树，这花也就叫合欢花了。

金雀花

叠叶倚风绽，翩翾凌雾排。
齐名仙母使，写样汉宫钗。

——《金雀花》
（北宋）宋祁

一、物种本源

拉丁文名称，种属名

金雀花（*Parochetus communis* Buch.-Ham ex D. Don Prodr.），是一种常见的匍匐草本植物所开花朵，它被归于豆科紫雀花属，通常又被称为紫雀花。

形态特征

金雀花的花序是伞形花序，植株总高10～20厘米，每个花序上有3～4朵小花。它的花萼呈钟状，花冠多为淡蓝色或淡紫色，花瓣为黄色，花期通常在2—4月。

习性，生长环境

金雀花不耐旱、较耐寒，在光照适当、温暖湿润地方长势较好，通常生长在海拔两三千米的山坡丛林等地。据资料记载，金雀花广泛分布于中国、马来西亚、印度、斯里兰卡、尼泊尔以及非洲等地，目前在我国主要集中在四川、云南及西藏等省份。

二、营养及成分

金雀花中含有的营养成分丰富，主要为维生素类、矿物质类、粗纤维、粗蛋白、粗脂肪、碳水化合物以及果胶等，此外还含有较多的黄酮类以及生物碱类物质。

三、食材功能

性味 性平，味甘。

归经 归脾、肾经。

功能

金雀花滋阴、和血、健脾，同时也可以治疗咳嗽、头晕以及跌打损伤等。据《滇南本草》记载，其主补气血痨伤，并头晕耳鸣、腰膝酸疼，一切虚痨损伤用之良。据《上海常用中草药》记载，其活血祛风，止咳，强壮，治头晕头痛，耳鸣眼花，肺虚久咳，小儿疳积。

四、烹饪与加工

金雀花炒鸡蛋

（1）材料：金雀花250克，鸡蛋2个，熟火腿少许，盐、胡椒粉、味精、猪油适量。

（2）做法：摘去金雀花的花蒂、花蕊，入沸水锅中焯后放入凉水中漂洗干净，捞出挤干水分。熟火腿切成末，鸡蛋打入碗中，加入盐、胡椒粉、味精，调打均匀。将金雀花放入调匀的蛋糊中，拌匀。炒锅置旺火，注入猪油，烧至七成热，下金雀花翻炒，熟后装盘，撒上熟火腿末即成。

（3）功效：金雀花具有滋阴、和血、健脾的功效。此菜可用于治疗头晕耳鸣、肺虚咳嗽、小儿消化不良等症。

金雀花茶

（1）材料：金雀花30克，川芎9克，天麻6克。

（2）做法：加水煎汁。

（3）用法：代茶饮。

（4）功效：清热解毒。适用于头晕、头痛等。

金雀花茶

五、食用注意

湿滞未尽者，不宜食用。

金雀花的由来

在很久很久以前，沂河并不像现在这样碧波荡漾、风光秀美。波涛汹涌的沂河就像一条桀骜不驯的巨龙，危害着生活在沂河两岸的人们。每到多雨的夏季，洪水泛滥成灾，不时侵扰着人们的生活。老百姓的房屋经常会被突如其来的洪水冲垮，良田被淹，沂河两岸民不聊生。

生活在沂河岸边的人们每年都要与肆虐的洪水搏斗。有一户善良人家有两个女儿，一个唤作金雀，一个取名银雀，出落得美丽无比，她们勤劳善良。这一年夏天，沂河的洪流如期而至，金雀和银雀自告奋勇与乡亲们一起去抗击洪水。堵、疏、筑、引，各种办法都用尽了，依然降服不了洪水。看着决口的洪水如猛兽般无情撕咬着乡亲们的生命和财产，精疲力竭的金雀和银雀便跳入决口去堵洪水。就在她们跳入水中的一刹那，奇迹出现了，只见沂河决口处慢慢升腾起了两座小山，挡住了决口，也把洪水稳稳地挡在了河堤之内。

后来，乡亲们为了纪念这两个女孩，就把这两座山唤作金雀山和银雀山，靠西北的一座叫作银雀山，靠东南的一座叫作金雀山。有了两座山的阻隔，沂河洪水再也没有侵袭过生活在沂河岸边的人们。

后来沂河两岸草木葱茏，风景秀美，人们过上了安居乐业的生活。每年一到春天，这两座小山上更是枝繁叶茂、山花烂漫。因为是两个女孩子所变，这两座山上还长出一种特有的植物，金雀山上开出的是金色的小花，银雀山上开出的是银色的小花，灿若繁星，点缀其间。后来，乡亲们为了纪念这两个孩子，就把这两种美丽的小花，分别唤作金雀花和银雀花。

因为金雀、银雀姑娘舍生取义，跳入洪水中保家乡的故事广为流传，它被一代又一代临沂人口口相传，故事里透露着淳朴的临沂人对真善美的赞扬，对家乡的热爱。

南瓜花

小儿夜盲水瓜花，鸡肝煎汤效果佳。
另方猪肝南瓜花，再配望江南嫩芽。

——《小儿夜盲方歌》佚名

一、物种本源

拉丁文名称，种属名

南瓜花，是一种常见的一年生蔓生草本植物南瓜［*Cucurbita moschata*（Duchesne ex Lam.）Duchesne］所开花朵，南瓜被归于葫芦科南瓜属。

形态特征

南瓜花分雌花和雄花，同株，花形较大，花冠呈鲜艳的黄色。

习性，生长环境

南瓜花期在5—7月份，喜温暖，耐干旱怕寒冷，是典型的短日照植物，对土壤质量要求不高，但中性或偏酸性最好。据资料记载，南瓜原产于墨西哥到中美洲一带，被世界各地引入培育种植。目前我国大多数省份均有分布，但主要集中于贵州、四川、云南等地。南瓜无论是花、果实还是种子都可进行食用或入药，营养丰富，味道可口，广受美食爱好者青睐。

二、营养及成分

南瓜花中富含蛋白质、氨基酸、脂肪、还原糖、膳食纤维、B族维生素和一些酶类，此外还含有多酚类、黄酮类物质以及矿物质元素（如铁、钙）等，营养成分丰富。

三、食材功能

性味 性凉，味甘。

归经 归脾、胃经。

功能

（1）增强体质作用。南瓜花的花粉是南瓜植株的精髓部分，人们在食用南瓜花时，自然会摄入其花粉。南瓜花的花粉中的有效成分能够起到消除疲惫、增强体质的作用，对机体的新陈代谢尤其是对儿童的生长发育具有良好的促进作用。此外，易贫血人群多食用南瓜花能够缓解贫血症状，补血益气，促进机体健康。

（2）保护心脏作用。南瓜花中含有芸香苷成分，其能够提高人体的凝血水平，可预防心内出血，起到保护血管和心脏的重要作用。

（3）消炎作用。南瓜花水提取物具有很好的消炎功效，相关研究证明，它能有效改善人体呼吸道和消化道的多种炎症，另外对痢疾和气管炎以及咳嗽等病症都有较好的辅助治疗功效。此外，南瓜花中含有丰富的类胡萝卜素，具有很好的抗氧化作用。

四、烹饪与加工

南瓜花饼

（1）材料：新鲜南瓜花、鸡蛋、清水、面粉，食盐等调味料适量。

（2）做法：摘取新鲜南瓜花，去杂洗净，切碎备用；将鸡蛋、清水、面粉以及适量食盐等调味料混合搅拌均匀后加入南瓜花碎，再搅拌成糊状，捏制成型，烘烤或热油煎至金黄色即可。南瓜花饼香气诱人，口感酥脆，味道鲜香。

南瓜花饼

猪肝南瓜花

（1）材料：南瓜花、猪肝各适量。

（2）做法：南瓜花与猪肝同

煮，内服。

（3）功效：可治夜盲症。

南瓜花肉丸汤

（1）材料：南瓜花5朵，猪瘦肉泥50克，葱等调味品适量。

（2）做法：南瓜花用清水漂净、沥干。葱去头须，洗净切末。肉泥加入调味料及葱末和匀，抓成一粒粒的肉丸，入滚水中煮，待肉丸浮出水面，置入南瓜花，续滚二下，加入调味品，再煮一二沸即成。

（3）功效：可清热利湿，适用于小儿暑痱、疖肿疼痛等。

南瓜花茶

（1）材料：南瓜花9克，冰糖适量。

（2）做法：上述材料用沸水热泡10分钟即可饮用。

（3）功效：清湿热，消肿毒，适用于咳嗽、失音。

五、食用注意

胃寒胀闷者不宜食用南瓜花。

南瓜花名字的由来

相传，宋朝时，杨家将率军驻守边关。初秋的一天，老天作怪，鹅毛大雪纷纷扬扬，天气异常寒冷。三关将士饥寒交迫，宋朝边陲危在旦夕。除主将所骑军马外，所有的马都已宰尽杀绝，吃得精光。如与金兵交战，宋朝将士已无应战之力。

一天晚上，杨宗保和狄青二人踏着积雪在外巡视，无意中发现一只只黄色的如磨盘一样的瓜，满地都是。杨宗保一剑把拦在脚前的瓜劈开，说："此瓜要是能救我之急，解我之难就好了。"狄青一看那瓜，红瓣白籽，十分喜人，当即拿起一块，闻了闻，咬了一口，觉得清香扑鼻，味甜可口。他马上叫人拿了几只，放在锅中煮熟，大家吃得非常香。杨宗保让全军将士都来采摘，以代军粮。就这样坚持了数日，到冰雪消融，粮草送到。

回想起这段情景，杨宗保感慨万分，说："亏得此瓜解我之难也。"从此，大家就把这瓜叫成难瓜。也不知道过了多少年，有人认为"难瓜"名字不雅，有冬瓜、西瓜，就把"难瓜"叫成了南瓜，其所开花朵自然就被称为"南瓜花"了。

向日葵花

此心生不背朝日，肯信众草能翳之。
真似节旄思属国，向来零落谁能持。

——《和石昌言学士官舍十题·葵花》（北宋）梅尧臣

一、物种本源

拉丁文名称，种属名

向日葵花，是常见的一年生草本植物向日葵（*Helianthus annuus* L.）开的花。向日葵被归于菊科向日葵属，因其总是向着太阳方向移动故而得名；主要别名有葵花、向阳花和望日葵等。

形态特征

向日葵花单生在茎的顶端，为头状花序，相比于其余花来讲较大，其花序直径最长可达30厘米，且在花序边缘长有金黄色的花瓣，多为舌状；其果较瘦呈倒卵形，比较扁，果皮较硬，灰黑相间混色，俗称瓜子或葵花子。

习性，生长环境

向日葵在阳光充足处长势较好，比较耐旱，花期在5—7月份，持续时间最长可以超过两周。据资料显示，向日葵原产于北美洲，目前已被世界各地广泛引种。在中国境内，其分布也是非常广泛的，主要集中在东北和华北等地。向日葵花因花形较大、色彩金黄，可观赏性强的同时又能够结出可口的果实，广受各地人民的喜爱。

二、营养及成分

经测定，向日葵花主要含有倍半萜内酯、二萜、甾体、类黄酮苷元、香豆素等成分。其果实葵花子的油酯中含有的脂肪酸的组成受气候条件的影响较大，所以随着温度不同，其脂肪酸的组成也不相同。一般来说，寒冷地区生产出的葵花子中亚油酸的含量较高，温暖地区生产出的葵花子中油酸的含量较高。

葵花籽和葵花籽油

三、食材功能

性味 性平，味微甘。

归经 归肝经。

功能

（1）抗心绞痛作用。向日葵不仅有降血压的作用，而且对缓解心绞痛也有很好的作用。实验显示，向日葵花水提取液对垂体后叶素引起的兔心脏收缩有一定的拮抗作用，能够很明显地提高小鼠的缺氧耐受性，改善心绞痛。

（2）抗衰老作用。葵花子富含天然维生素E、不饱和脂肪酸，长期少量食用生制葵花子可降低组织脂质过氧化的速率，从而起到抗衰老的作用。但通常炒制葵花子需经过高温加工过程，其中的活性功能成分会被破坏，抗衰老效果相比较弱。

（3）其他功效。据《浙江药用植物志》记载，向日葵花可“祛风，透疹。治小儿麻疹不透”。据《宁夏中草药手册》记载，其可主治肝肾虚头晕之症。据《民间常用草药汇编》记载：向日葵花可“祛风，明目，治头昏，面肿，又可催生。”

四、烹饪与加工

向日葵花盘水煎

（1）材料：向日葵花盘、红糖等。

（2）做法：将向日葵花盘晒干，磨制粉状备用。取磨粉适量加入水中，小火煎煮。

（3）功效：饮用可以缓解哮喘症状；制作水煎剂时加入适量红糖，可以有效缓解痛经。

向日葵花盘红枣汤

（1）材料：向日葵花盘、红枣等。

（2）做法：取向日葵花盘1个洗净，红枣20个，放入炖锅中，添加清水3碗，小火加热炖至1碗。

（3）功效：可用于治疗高血压。

冰糖炖葵花

（1）材料：向日葵花瓣、冰糖等。

（2）做法：准备向日葵花瓣洗净备用，加冰糖数颗，再加入适量的水，大火烧开后小火炖制约半小时即可。

（3）功效：冰糖葵花汤香味怡人、沁人心脾，经常饮用有助于清除体内自由基，有效延缓细胞衰老。

五、食用注意

（1）食用需适量，发生霉变的向日葵花及花盘不能食用。

（2）孕妇忌用，婴幼儿慎用。

葵花趣

向日葵是人们最熟悉的植物，开着金灿灿的轮状花，以花盘随着太阳旋转而得名，清晨它笑迎朝阳，中午它昂望红日，傍晚它凝视夕晖。唐代李涉赞云：

此花莫遣俗人看，新染鹅黄色未干。
好逐秋风天上去，紫阳宫女要头冠。

宋代司马光赋诗云：

四月清和雨乍晴，南山当户转分明。
更无柳絮因风起，唯有葵花向日倾。

据研究，这种与太阳依依不舍之特性，与花盘下面的茎部有一种奇妙的“植物生长素”有关。其生长素有两个特点：一是背光部分生长素比向光面的多，当遇到阳光照射时，花盘便朝着太阳弯曲；二是生长素能刺激细胞的生长，加速分裂繁殖，所以背光面比向阳面生长得快，故而朝阳，这便是秘密之所在。

红花

红花颜色掩千花，任是猩猩血未加。
染出轻罗莫相贵，古人崇俭诫奢华。

——《红花》（唐）李中

一、物种本源

拉丁文名称，种属名

红花（*Carthamus tinctorius* L.），是一种常见的一年生草本植物所开花朵（常指干燥花），它被归于菊科红花属；主要别名有草红花、刺红花、红蓝花等。

形态特征

红花为头状花序，顶生管状，且筒部逐渐变窄，长度大约为2厘米，每片花具有4层苞片，花冠长度大约为2.8厘米，整体高度最高可达150厘米；花色初开时为黄色，后随着生长渐变为橙红色。

习性，生长环境

红花比较耐寒，并且抗旱，对环境适应能力较强，通常花期在5—8月份。据资料记载，红花原产于中亚地区，目前已经被广泛引种，我国栽培红花已有很多年历史，古时多用于入药。

二、营养及成分

红花富含红花黄色素、花苷类、多酚类、查耳酮类化合物等生物功能活性物质，在中医药领域以及目前的功能性食品领域应用广泛。

三、食材功能

性味 性温，味辛。

归经 归心、肝经。

功能

（1）降低血压作用。相关科学研究表明，红花中含有羟基红花黄色素A，具有显著的降血脂、抗凝、扩张血管等功效，活血化瘀作用显著；此外，红花黄色素可改善机体内溶血磷脂酰胆碱对人脐静脉内皮细胞的影响，使内皮细胞增殖功能增强、凋亡率降低；同时，红花黄色素亦能显著降低红细胞聚集指数、血液以及血浆黏度，从而降低血压。

（2）对脑缺血的保护作用。科学实验研究表明，羟基红花黄色素A对脑缺血具有一定的保护作用，如有研究者在进行动物实验时发现，在大鼠脑缺血时，联合利用羟基红花黄色素A与芍药苷可以显著提高其脑组织中磷酸化蛋白酶B的阳性表达，对脑缺血损伤具有保护作用。

（3）抑制炎症作用。相关科研资料表明，红花黄色素可能通过下调含半胱氨酸的天冬氨酸蛋白水解酶和磷酸化抗体的表达减轻糖尿病肾病的炎症损伤；另外有研究者对红花3-O-芦丁中的山柰酚和山柰酚3-O-硫代葡萄糖苷进行了分析，发现两者可以明显抑制醋酸和福尔马林带来的疼痛，并且山柰酚3-O-葡萄糖苷对二甲苯诱导的耳郭水肿发育具有显著的剂量依赖性抑制作用。

（4）兴奋心脏、降血压与胆固醇、促进支气管平滑肌的收缩和促进子宫收缩的作用。据张仲景《金匮要略》记载："妇人六十二种风及腹中血气刺痛，红蓝花酒主之。"据《开宝本草》记载：红花"主产后血晕口噤，腹内恶血不尽，绞痛，胎死腹中，并酒煮服。亦主蛊毒。"据清代张璐《本经逢原》记载："血生于心包，藏于肝，属于冲任，红花汁与之同类。故能行男子血脉，通妇人经水，活血，解痘毒，散赤肿。"

四、烹饪与加工

红花活血茶

（1）材料：红花15克，冰糖20克。

（2）做法：将红花洗掉杂质，砂锅注水，倒入红花，盖上盖，煮沸后用小火煮约10分钟，至其浸出有效成分。揭盖，放入冰糖，搅拌一会，煮至溶化，盛出滤取茶汁，装入杯中即成。

（3）功效：活血化瘀，调经，舒筋等。

红花糯米粥

（1）材料：糯米、红花等。

（2）做法：将糯米洗净加入少量红花，随后放入锅中小火微煮30分钟即可。

红花酒

（1）材料：红花、白酒等。

（2）做法：将红花洗净沥干水分后，装入纱布袋中封口，装入白酒瓶，密封，浸泡7天即成红花酒。

（3）功效：适量饮用红花酒具有补血、养肤、活血的功效。

红花酒

五、食用注意

（1）红花会刺激子宫和肠道，可能导致胎儿在子宫内缺血缺氧，所以孕妇不宜食用。

（2）现代医学认为，长期食用红花会对泌尿系统、消化系统以及神经系统造成严重损害，故不易长期饮用红花制品或服用时需要遵医嘱，以免对身体造成损伤。

（3）有溃疡病及出血性疾病者应慎用红花。

传说故事

红花救产妇

草红花始称红蓝花，《博物志》名其黄蓝，《古今注》呼为红篮，《神农本草经》并未记载。红花有活血化瘀之功效。宋代顾文荐的《船窗夜话》及元代仇远的《稗史》中均记载了一件奇事：

宋代医家浙江奉化人陆酽医术精湛，极负盛名。他得知新昌一孕妇难产，从200里外赶去为她诊治。

他一进门就听病人家属哭诉："产妇已死了。"陆医师上前摸其胸口尚有微热，说："此属血闷，能找到红花数十斤，则可救活。"

病家主人火速如数买来红花，陆医生令其将红花投入盛清水的大锅内，架起柴火煮沸，然后用三只木桶装红花汤，桶上放着窗格，把产妇抬来放在上面。红花汤气味小了，又陆续掺入。不久，产妇的手指颤动起来，半天后，她竟从死亡边缘活过来了，全家人化悲为喜，都说幸亏遇到神医救命。

陆医生说："我哪里是神医，只因为血闷致产妇昏死，而红花为活血化瘀良药，不过是用药对症罢了。"

雪莲花

北国天山生雪莲，雌雄同株肩并肩。
甘园小识论真伪，本草拾遗说分明。

——《雪莲》（清）成晓风

一、物种本源

拉丁文名称，种属名

雪莲花［*Saussurea involucrata*（Kar. & Kir.）Sch. Bip.］，是一种常见的多年生草本植物所开花朵，它被归于菊科风毛菊属；主要别名有荷莲、优钵罗花、大苞雪莲等。

形态特征

雪莲花为头状花序，顶生，通常无花梗或花梗比较短小，总苞片有3~4层，边缘或全部呈紫褐色。

习性，生长环境

雪莲花生长在高海拔地区，花色洁白如雪，耐寒耐霜冻，在高山上温度极低以及空气稀薄处也能够顽强生长，其顽强与极端恶劣环境斗争的品格也赋予雪莲花独特的药用和食用价值。此外，雪莲花一般在生长到第五年时才开花，野生雪莲产量极低，再加上人工采摘比较困难，故价格十分昂贵。据资料记载，雪莲花原产于我国新疆天山山脉地区以及青藏高原地区，哈萨克斯坦、俄罗斯等地也有分布。雪莲花生长于高山雪线附近的岩缝、石壁和冰碛砾石滩中，我国以天山地区产量最多，且品质最佳。

二、营养及成分

据相关研究资料，雪莲花含有丰富的糖类、甾醇类、黄酮类、多酚类、生物碱以及挥发油成分，此外还含有特有的鞣质、原糖、雪莲内酯以及多种矿物质等，在医药行业与保健品行业具有很高的应用价值。

三、食材功能

性味 性温，味甘、苦。

归经 归肝、脾、肾经。

功能

（1）抗氧化作用。相关科学研究证明，雪莲花具有抗炎抗氧化作用，有科学研究者利用衰老小鼠模型研究其抗氧化活性。实验结果显示，一定剂量的雪莲花水提取物能够显著清除小鼠体内产生的有害物质丙二醛，并且能增强其抗氧化活性酶（如谷胱甘肽过氧化物酶、超氧化物歧化酶）活力，这说明雪莲花具有抗氧化作用。

（2）对心血管系统的影响。相关资料表明，雪莲花中含有的雪莲总碱和雪莲乙醇在动物实验中，均可有效降低家兔皮肤血管的通透性，使家兔耳血管收缩，并有效减慢其心脏的跳动，雪莲乙醇提取物对血管呈现扩张作用。

（3）美容护肤作用。雪莲花中含有雪莲内脂、雪莲多糖等成分，具有很高的防晒指数，因此，平时食用雪莲花或将雪莲花提取物添加到化妆品中外涂，均可有效减少紫外线对皮肤的侵害，有效改善皮肤深层黑色素沉着，延缓皮肤细胞衰老。

（4）其他功效。《柑园小识》：除冷痰，助阳道。《本草纲目拾遗》：治一切寒症。《四川中药志》：除寒痰水饮，壮阳，补血，温暖子宫，治男子阳痿、女子月经不调及崩带。《新疆中草药手册》：通经活血，强筋骨，促进子宫收缩，治风湿性关节炎、妇女小腹冷痛、闭经、胎衣不下、麻疹不透、肺寒咳嗽，阳痿。《云南中草药》：调经，止血，治月经不调，雪盲、牙痛、外伤出血。

雪莲花乳鸽煲

（1）材料：雪莲花、乳鸽、山药、枸杞以及调味品适量。

（2）做法：准备雪莲花、乳鸽、山药、枸杞以及调味料备用；锅中放油烧热，山药切厚片入锅炒制出香，盛出备用；锅中添水，加入乳鸽，大火烧开撇除浮沫，之后加入炒制的山药片、雪莲花、枸杞以及调味料，小火慢炖约半个小时，将鸽肉炖烂即可食用。

雪莲花乳鸽煲

（3）功效：雪莲花乳鸽煲营养丰富，具有延缓衰老、补肾益精、养肝明目的功效。

雪莲花乌鸡煲

（1）材料：雪莲花、乌鸡，葱、姜等调味品适量。

（2）做法：准备雪莲花、乌鸡及姜等调味料备用；将锅中放油烧热，葱、姜入锅炒出香味后添水，加入乌鸡、雪莲花，大火烧开撇除浮沫，之后添加适量食盐，小火慢炖约45分钟，将乌鸡肉炖烂即可食用。

（3）功效：雪莲花乌鸡煲集雪莲花与乌鸡中的高营养价值成分，对男性可以壮阳补肾，对女性可以调经补血，调节内分泌，利于机体保持年轻态。

雪莲花甲鱼汤

（1）材料：雪莲花、甲鱼、红花，葱、姜等调味品适量。

（2）做法：准备雪莲花、甲鱼、红花及姜等调味料备用；将锅中放油烧热，葱、姜入锅炒出香味后添水，加入甲鱼、雪莲花、红花，大火烧开撇除浮沫，之后添加适量食盐，小火慢炖至甲鱼壳酥烂即可食用。

（3）功效：雪莲甲鱼汤滋阴补阳、生津益气，适用于男子补阳。

五、食用注意

用量不宜过大，孕妇慎服。

雪莲花的传说

传说，雪莲是瑶池王母到天池洗澡时由仙女们撒下来的。在民间，雪莲带有神秘色彩，高山牧民在行路途中遇到雪莲时，会认为是吉祥如意的征兆，就连喝下雪莲苞叶上的水滴都被认为能驱邪益寿。

相传，王母娘娘投宝簪平定天池水怪，劈天山雪峰竖三石顶天，巩固江山之后，便来到天山瑶池梳洗。因天池雪水取自于天地日月之精华，乃玉汁琼浆，清澈晶莹，王母娘娘顿觉神清气爽，索性宽衣解带入池中尽情畅游。

此时，山峰晨曦，红日喷吐，万道霞光，映照天山雪峰宛如仙境，如梦如幻，雪山顶上白云朵朵，好似莲花绽放。被天池美景陶醉的王母娘娘竟忘记了返回天庭的时光。待她上岸更衣之时，却找不到她心爱的绣花鞋了。

原来是一只天山马鹿来池边饮水，看见王母娘娘在池里沐浴，它为了让王母娘娘在这美丽的天山天池多待一会儿，留下难忘的印象，就故意用一只角挑起一只鞋，丢在了博格达雪峰下。

天山马鹿估计王母娘娘该渴了、饿了，就来到王母娘娘身边。王母娘娘说："你来得正好，我这会儿又渴又饿，但鞋丢了无法走路，怎样回家？"

天山马鹿说："那好办，您骑上我，双手抓住我的角，我驮您回家！"

王母娘娘说："只好这样，难为你了。"天山马鹿说："王母娘娘，您的到来使天山更加雄伟、天池更加迷人，您能永远留在这儿吗？"

王母娘娘沉思片刻说："天山乃人间仙境，天池虽然美丽，但我不能长留此地，那双绣花鞋是天宫圣物，为保天下苍生丰美安康，就让它留在此地吧。”

于是，王母娘娘骑上鹿背，手抓鹿角，腾云驾雾，回天宫去了。

从此以后，王母娘娘的绣花鞋变成了雪莲花，开遍了天山山麓，点缀在群山之中，而后生活在此地的牧民就在雪莲花的庇佑之下拥有了幸福的生活。

菊花

平原池阁在谁家，双塔丛台野菊花。
零落故宫无入路，西来涧水绕城斜。

——《九日登丛台》（唐）王建

一、物种本源

拉丁文名称，种属名

菊花（*Chrysanthemumx morifolium* Ramat），是一种常见的多年生草本植物所开花朵。菊花被归于菊科菊属；主要别名有苦薏、秋菊、陶菊、隐逸花、山菊花等。

形态特征

植物菊茎直立，全体密被白色茸毛。茎基部稍木质化，叶互生，有短柄，卵形或卵状披针形，边缘通常呈羽状深裂。头状花序顶生或腋生，单个或数个集生于茎枝顶端；舌状花瓣，通常花色是白色、红色、紫色或黄色等。品种不同，花色和花状相差较大。此外，其雌蕊、雄蕊以及果实通常亦不发育。

习性，生长环境

菊花的花期在9—10月份。产于华东、华南及西南各省。菊花具有很强的适应性，喜欢阳光，比较耐干，亦能够适当耐寒，通常栽培于气候温暖、阳光充足、排水良好的沙质土壤。

二、营养及成分

菊花中富含多种生物功能性成分，据测定主要有挥发油类、黄酮类化合物、氨基酸成分、微量元素等，其中挥发油是菊花的主要化学成分，主要有菊油环酮、菊醇、龙脑、单龙脑肽酸酯、乙酸龙脑酯，这是菊花拥有特殊香气的主要成分来源。

三、食材功能

性味 性凉，味甘、苦。

归经 归肺、肝经。

功能

（1）抗病毒作用。菊花对单纯疱疹病毒，脊髓灰质炎病毒和麻疹病毒具有不同程度的抑制作用。此外，菊花还具有抗艾滋病病毒的作用，能提高细胞免疫功能，增强其对流感病毒的抵抗力。

（2）消炎作用。菊花可增强毛细血管的抵抗力，抑制毛细血管通透性而具有消炎作用。实验结果表明，怀菊与亳菊均有显著的消炎作用，添加微量元素后，亳菊的消炎作用明显提高，表明微量元素对菊花的消炎作用影响很大。

（3）对心血管系统的作用。现代药理研究发现，菊花可以显著扩张心脏冠状动脉，增加冠状动脉血流量，并可提高心肌细胞对缺氧的耐受力。因此，菊花在临床上常用于治疗冠心病。菊花中所含的菊苷有很好的降血压作用，临床上常配伍其他药物治疗高血压。

四、烹饪与加工

枸杞菊花酒

（1）材料：枸杞500克，甘菊花20克，麦冬100克，曲250克，糯米7.5千克。

（2）做法：将枸杞、甘菊花、麦冬按比例配伍加水煮烂，连汁和曲、糯米如常法酿酒。酒熟压去糟，收贮备用。

（3）用法：每次饭前饮1~2小杯，每日早、晚各1次。

（4）功效：主治虚劳精损，阳痿遗精，肾虚消渴，腰背疼痛，足膝酸软，头晕目暗，视物模糊，迎风流泪，肺燥咳嗽。

菊花茶

（1）材料：菊花10克。

（2）做法：将菊花放入开水冲泡10分钟，即可饮用。

（3）用法：代茶饮用。

（4）功效：解暑抑燥，可解暑降温、解口渴。

菊花茶

银耳莲子菊花羹

（1）材料：干银耳、莲子各30克，菊花若干，冰糖2大匙。

（2）做法：银耳洗净，泡水2小时，去蒂，撕成小片。莲子洗净，与银耳同放入锅中。锅中倒入4～5碗水，熬煮2小时左右至所有材料熟烂，放入菊花，加入冰糖调味。

（3）功效：可美容养颜，淡化色斑，亦可滋阴润燥，加快代谢。

五、食用注意

脾胃虚寒者及孕妇禁忌服用。菊花性微寒，若长期服用或单次服用量太大，可能会损伤脾胃阳气，出现肠胃不适、腹泻等症状。

坚强不屈的菊花

从前，有一位园丁在花园里种了许多漂亮美丽的鲜花，每天给它们浇水，施肥。在他的精心培育下，花长得十分茂盛，牡丹花国色天香，桂花香飘万里，玫瑰花更是多姿多彩。各种各样的鲜花千姿百态、流光溢彩。

有一天园丁去郊外，顺便带回了几株菊花，把它栽到了花园里。那些名贵的花儿看到了这几株菊花，便开始嘲笑它们。

红玫瑰傲慢地对菊花说："哼，你们想和我比美，差得远呢，你们有我这么漂亮的身材吗，你们能开出比我更鲜艳漂亮的花朵吗?"

昙花代表昙花家族对菊花发难："你们呀，真是不知好歹，敢跑到这儿来和我们比美，你们能比得过我们吗，虽然我们开花的时间很短，但你们开出的花有谁能比我们娇艳美丽呢?"

大家都来嘲笑那几株菊花，只有仙人掌默默不语。最后，仙人掌实在听不进去了，愤怒地说道："你们为什么这样对待菊花呢!"没想到，花儿们转而斥责仙人掌："绿刺鬼，你少管闲事，你看一看你的模样，奇丑无比，还替别人说话!"

最后，花儿们骂够了，便不再理菊花和仙人掌了。这时，那几株菊花哭了，它们哭着对仙人掌说："仙人掌大哥哥，是我们连累了你，害你为我们受累，真对不起了。"仙人掌听了菊花的话，便安慰菊花说："没事，我们都是好朋友，应该互相关心，互相帮助，每个人都不是十全十美的，都有缺点与不足，只是在短时间里没有暴露出来罢了，让时间来证明这一切吧!不要灰心泄气，要坚强。"

菊花听了以后，擦干眼泪，齐声道："我们要抬起头，要经得住花儿们对我们的考验，要让时间证明我们的坚强意志，不能让其他花儿们的嘲笑声把我们吓到。”

从此，菊花和仙人掌互相鼓励，互相帮助，团结一心，任凭别的花儿怎么嘲笑，也没动摇它们的坚强意志。

秋去冬来，凛冽刺骨的寒风呼呼作响，那些名贵的花儿一个个枯萎凋谢了。最后，只有菊花和仙人掌相依为命活下来了。

看着徐徐升起的太阳，菊花们笑了，它们信心十足，时间证明：它们经得住考验，坚强地面对现实，生存下来了。

每个人都不是十全十美的，我们不应因有优势就骄傲，嘲笑别人的缺点。不自卑，不骄傲，取长补短，心胸开阔，才能获得更大的成功。

扶桑花

瘴烟长暖无霜雪，槿艳繁花满树红。
每叹芳菲四时厌，不知开落有春风。

——《朱槿花》（唐）李绅

一、物种本源

拉丁文名称，种属名

扶桑花，是一种常见的常绿灌木扶桑（*Hibiscus rosa-sinensis* Linn.）所开的花朵。扶桑被归于锦葵科木槿属；主要别名有朱槿、赤槿、佛桑、红木槿、桑槿、吊钟花以及火红花等。

形态特征

扶桑花花形较大，单生于叶腋间，花冠呈漏斗形状，直径最长可达10厘米，花色多为玫瑰红色、浅黄色或浅红色等。

习性、生长环境

扶桑花是世界名花，花大形美，花色艳丽，经多年培育繁殖后品种众多，达3000种。扶桑花观赏性较强，全年可开花，是典型的喜强阳性植物，在光照充分、温暖湿润环境以及弱酸性土壤中下长势较好，但不耐潮湿、阴冷与干旱。据资料记载，扶桑花主要生长在热带以及亚热带地区，尤其在南太平洋中的岛屿上生长最为繁盛。扶桑花在我国也有悠久的栽培历史，西晋时期就已有相关记载。目前我国很多省份如广东、云南、福建、台湾等均有栽培。

二、营养及成分

扶桑花中富含天然色素、维生素、棉花素、葡萄糖苷以及山柰醇等生物功能性物质。

三、食材功能

性 味 性平，味甘。

归经 归心、肝、肺、脾经。

功能

（1）清热解毒作用。《陆川本草》载扶桑花“凉血解毒。治血热、衄血、血瘙、毒疮”。扶桑花有凉血的作用，可用于治疗皮肤生疮、痈疽、腮肿等症。选用扶桑叶或花，同白芙蓉叶、牛蒡叶、白蜜研膏外敷使用，可治痈疽、腮肿。

（2）化痰止咳作用。《岭南采药录》载扶桑花“清肺热，化痰去火，减轻咳嗽”。扶桑花有清肺的作用，适用于肺热咳嗽、咳血相关症状。将扶桑花与猪肺共同煲制，治咳血病症。

（3）利水消肿作用。《本草求原》载扶桑花“有红白二种，白者治白痢白浊，红者治红痢赤浊”。扶桑花有利水消肿的作用，将扶桑花进行蒸制后晒干，浸泡入酒，服用具有利尿的作用，也能有效减轻尿路感染的症状。

（4）抗氧化作用。扶桑花中富含天然色素，具有抗氧化作用。相关研究发现采用乙醇提取的扶桑花色素具有很强的还原作用，能够很好地抑制脂类物质的过氧化；同时体外自由基清除实验证明，其对超氧自由基、羟基自由基以及DPPH自由基均有较好的清除作用。

四、烹饪与加工

扶桑花酿雪梨

（1）材料：新鲜扶桑花、雪梨、糯米饭、莲子、白砂糖等。

（2）做法：将新鲜扶桑花去杂，洗净，花瓣剥开备用；将大个雪梨去皮，之后在蒂把处切下一小段，用小刀小心挖出梨核，用清水洗净备用；将煮好的糯米饭、莲子、白砂糖混合均匀后装入梨子的空腔中，同时将适量扶桑花分别放入各个梨子中，加入适量白糖水或蜂蜜水，将梨盖上，用大火烧制蒸熟即可。

（3）功效：扶桑花酿雪梨鲜香可口，营养丰富，同时又能够清肺祛热、美容养颜，广受大众欢迎。

扶桑花茶

（1）材料：扶桑花20克，月季花10克，香附6克。

（2）做法：水煎取汁饮用即可。

（3）用法：每日1剂。

（4）功效：治月经不调。

扶桑花茶

五、食用注意

扶桑花有致敏作用，体质过敏者忌用。

蔡襄漳州赏扶桑

北宋明道年间，著名书法家蔡襄到漳州任军事判官。

晚秋，蔡襄在耕园驿内目睹数十株扶桑繁盛艳丽，他感到寒月穷山之间，竟有这般奇特花卉，便想到暮秋初寒的扶桑，好比早春的灼灼夭桃，不禁写下《耕园驿扶桑花》一诗："溪馆初寒似早春，寒花相依媚行人。可怜万木凋零尽，独见繁枝烂漫新。清艳夜沾云表露，幽香时过辙中尘。名园不肯争颜色，灼灼夭桃野水滨。"不久，蔡襄离开漳州乘桴东下，临行前又特意观赏一次扶桑。

15年后，蔡襄又来到漳州，再度到耕园驿观赏扶桑，当时的季节，不再是先前的晚秋，而正值初夏，可扶桑仍像以前那样灿烂。他回想往昔旧作，便举笔将那首诗题于西壁。

蔡襄长久惦念并屡赏扶桑，足见其爱之深切。然古代留下咏扶桑花的诗不多，也许是不易见到的缘故吧。

荷花

世间花叶不相伦，花入金盆叶作尘。
惟有绿荷红菡萏，卷舒开合任天真。
此花此叶常相映，翠减红衰愁杀人。

——《赠荷花》（唐）李商隐

一、物种本源

拉丁文名称，种属名

荷花（*Nelumbo nucifera* Gaertn.），是一种常见的多年生草本植物所开花朵。莲花被归于睡莲科莲属，在水中生长开花；主要别名有菡萏、碗莲、水芙蓉、芙蓉、凌波仙子等。

形态特征

荷花单生，花型较多，颜色多成粉红色、浅紫色、白色等。其花径为9～20厘米，花形较大且美丽，气味芳香，被花梗高托绽放于水面之上。

习性，生长环境

植物荷喜水，对水十分敏感，在水流平静或几乎无水流处长势较好，如水塘、湖沼中。此外，荷生长还需要充足的阳光，7—8月份常常是荷花的花期。据资料记载，荷花最早产于中国，已经有几千年的生长历史。因其具有很强的观赏价值和入药价值，荷花由最初的野生状态逐步变为人工栽培，目前在我国分布广泛，同时也被输出到多个国家，主要分布在热带和亚热带地区。

二、营养及成分

据测定，荷花中含有黄酮类活性物质，包括花色苷等，挥发性成分如芳香烯烃、酯类、醇类等物质，活性营养成分含量非常丰富。

三、食材功能

性味 性温，味苦、甘。

归经 归心、肝经。

功能

（1）降血脂、血糖、血压作用。研究发现，荷花中黄酮提取物具有调节血脂、血糖以及血压的作用，且无毒。目前亦有保健食品开发者开发出相关产品，如将荷花提取物作为一种添加物，增添其他香料制作荷花降血压板鸭；再如采用荷花提取物制作荷花型保健饮料等。

（2）抗氧化、抑菌作用。荷花提取物具有一定的抗氧化抑菌作用，如相关研究者把荷花黄酮按照不同剂量添加到猪油中，结果显示当荷花黄酮达到一定的剂量时，其表现出显著的抗氧化作用；此外还进行了细菌及真菌抗菌实验，结果显示荷花黄酮对细菌的抑制作用较好，对真菌的抑制效果不理想。荷花提取物这一抑菌特性被应用到口腔制品中能够有效地预防多数口腔疾病，目前已有研究者正在开发相关产品。

（3）祛斑美容作用。荷花花粉是荷花的精华部分，其味甘涩性温，具有祛斑美容养颜之功效。目前已有产品开发者将其引入薯片配方中，制作出荷花花粉养颜紫薯片产品；也有开发者将其加入护肤品配方中，制作出具有祛斑功效的护肤产品。

（4）其他功效。《本草纲目》中记载：荷花花瓣、荷叶、荷茎、莲子、莲房以及藕节等均可入药。其中荷花能促进血液循环、止血、祛湿、凉血、热毒，亦能清心、补肾、敛精、消暑、解烦、生津止渴；莲子能够养心、补肾、健脾、止血。再如《神农本草经》中记载关于有莲藕的药用方法，著名神医华佗在手术前通常先让病人服入麻沸散，再手术进行伤口缝合，之后敷莲藕皮膏药，4～5天即可痊愈。

四、烹饪与加工

荷花粳米粥

（1）材料：新鲜荷花、粳米等。

（2）做法：新鲜荷花洗净，备用。锅中加入洗好的粳米，大火煮沸后小火慢煮20～30分钟即可食用。

（3）用法：可根据个人口味添加白砂糖或蜂蜜，或放在冰箱进行冰镇后食用。

荷花绿豆汤

（1）材料：干荷花、枇杷叶、绿豆、白糖等。

（2）做法：取干荷花、枇杷叶洗净放入锅中加水充分煮熟，随后加入绿豆继续小火熬煮。待绿豆熟时，加白糖适量即可食用。

（3）功效：荷花与绿豆均有消暑作用，此汤适宜夏季饮用。

荷花绿豆汤

荷花保健饮

（1）材料：荷花、菊花、山楂、冬虫夏草、蜂蜜、白砂糖等。

（2）做法：将荷花与菊花、山楂、冬虫夏草等混合进行煎煮，后将煎煮液浓缩，加入适量蜂蜜、白砂糖等调味，搭配入纯净水，调配成保健饮料。

（3）功效：具有利水清热、安神等功效。

五、食用注意

（1）过敏性鼻炎患者以及哮喘人群，不适宜食用荷花粉，不然可能出现病症加重的现象。

（2）食用荷花粉之前，要经过简单的过敏测试。

莲花仙子战恶龙

相传很久以前，在渤海与黄海交界处有一个地方叫普兰店，普兰店东三华里处有一片莲花怒放的地方，人们叫它“莲花湖畔”。湖里住着一位美丽善良的莲花仙子。湖两岸百姓在莲花仙子的呵护下过着美满祥和的温馨生活。

渤海湾里住着一条凶狠丑陋的蛟龙王子，听说莲花湖里住着一位美丽动人的莲花仙子，带领百姓过着安逸的生活，就决定占领这个地方，霸占莲花仙子。

一个阳光明媚的早晨，莲花湖畔的百姓像往常一样耕耘、织布、养蚕、狩猎。突然间，西南方向的空中乌云密布、狂风骤起、风沙翻滚，渤海里一股黑色龙卷风向着莲花湖席卷而来，蛟龙王子露出狰狞凶狠的面孔，大吼大叫：“我要在这里称王，我要娶莲花仙子为妻。你们都听着，从现在开始，都要服从于我。”

当地的人们早就痛恨这条蛟龙，便拿起武器同他斗争。可是淳朴的人民哪里是他的对手，看着百姓不断地倒下，莲花仙子看在眼里，疼在心里，她穿上自己最心爱的粉红色长衣裙，手拿祖传的双锋宝剑，冲出湖面与蛟龙展开了一场生死搏斗。

这是一场前所未有的大战，莲花仙子与蛟龙激战了七七四十九天，天地万物都在感受着正义与邪恶的斗争与较量。就在最后关头，莲花仙子手上双锋宝剑发出万丈光芒，顿时，天地间一道耀眼的光亮从莲花湖里升起，深深地刺向蛟龙的眼睛，就在蛟龙准备拼尽全力冲向莲花仙子时，莲花仙子再一次使出全身力气，一个腾飞冲向蛟龙，用锋锐无比的宝剑刺断了他的喉咙。疼痛难忍的蛟龙翻腾着身子撞断了莲花湖南岸边的高山，逃回渤海湾里一命呜呼了。后来，人们发现那座山的形状像两个车轮，就起名“车轱辘山”。

此后，东方升起了一轮红日，万物复苏，美丽的莲花湖却因这场大战而枯竭了，所有的莲花都渐渐地凋谢了，疲惫不堪的莲花仙子奄奄一息地说：“我死后，把我身上的莲花籽全部留下，埋在莲花湖中，以后让这里飘满花香，让这里的人民充满希望。”

只见莲花仙子站在湖中，伸出双手，一股热量从她身上散发出来，大地万物都能感受她的温暖。此时，一粒粒晶莹剔透的莲花籽从空中飘落下来，深深地埋在这黝黑的土地之中，而美丽的莲花仙子再也没有回来。

茉莉花

刻玉雕琼作小葩，清姿元不受铅华。
西风偷得馀香去，分与秋城无限花。

——《茉莉》（明）赵福元

一、物种本源

拉丁文名称，种属名

茉莉花［*Jasminum sambac*（L.）Aiton］，是一种常见的直立或攀缘灌木所开的花。茉莉花被归于木犀科素馨属；主要别名有末利、木梨花等。

形态特征

茉莉花呈顶生，花序呈聚伞形，一般一枝上通常有3朵，但有时也会出现单生或多生至5朵，通常花序梗长为1.0～4.5厘米，花梗长为0.3～2.0厘米，花萼长为5.0～7.0毫米，花冠筒长为0.7～1.5厘米。花色白，芳香且香味持久。

习性，生长环境

茉莉花的花期一般在5—8月份，大多数品种不耐低温、不耐干旱，喜酸性土壤，在温度适宜通风良好处生长较好。茉莉种植十分广泛，原产于中国和印度，现在已经被广泛种植在世界各地。

二、营养及成分

茉莉花中功能性成分丰富，据测定，挥发性油在茉莉花中占2.0%～3.0%，其主要成分为苯甲醇或其酯类（如芳樟醇、吲哚、苯甲酸、芳樟醇酯和素馨内酯）、茉莉花素，另外还有多糖类、黄酮类物质等有效成分。

三、食材功能

性味 性温，味辛、微甘。

归经 归脾、胃、肝经。

功能

（1）抗衰老作用。茉莉花中有一些多糖类物质和挥发油成分，具有较强的抗氧化能力。

（2）理气安神和改善睡眠的作用。茉莉花有怡人的香味，能够起到一定的镇定作用，对安神和改善睡眠有一定的效果。相关研究者利用抑郁小鼠造模试验研究发现，适当剂量的茉莉花浸提物可以有效改善抑郁小鼠的生理状态，并且对小鼠相关神经递质的作用也可以起到有效的改善。

（3）抗菌作用。调查资料显示，茉莉花亦具有祛风散寒的功效；其花中含有的黄酮类活性物质有较强的抗菌作用；同时也具有平喘活血的功效，患有慢性支气管炎的人适宜多饮用茉莉花茶，可以活血通气，增强机体免疫力。

（4）其他功效。《食物本草》：温脾胃，利胸膈；《本草再新》：解清虚火，去寒积，治疮毒，消疽瘤；《饮片新参》：平肝解郁，理气止痛；《随息居饮食谱》：和中下气，辟秽浊；《药性切用》：色白入肺，芳香入脾，辟秽治痢；《中药大辞典》：理气开郁、辟秽和中。

四、烹饪与加工

茉莉花糖饮

（1）材料：新鲜茉莉花、白糖（或蜂蜜）等。

（2）做法：煮制5~8分钟。

（3）功效：具有疏肝理气、缓解溃疡和解毒等作用。

茉莉花茶

（1）材料：将新鲜茉莉花置于阴凉处晾干或采用现在食品加工技术——真空冷冻干制后包装为成品。

（2）做法：加沸水浸泡即可。

（3）功效：具有止渴、明目、清肝、化痰、治痢疾、祛风降压、强心、治瘘管、固牙和抗衰老等功效。

茉莉花茶

茉莉花鸡片

（1）材料：茉莉花、鸡胸肉、蛋清、食盐、淀粉等。

（2）做法：取适量茉莉花去蒂洗净，切成茉莉花碎备用。将鸡胸肉切片，加入适量食盐、蛋清、淀粉搅拌混合均匀，根据个人口味加入调味料腌制片刻。将腌制好的鸡胸肉片放入沸水中，再次大火煮沸后，小火慢炖，待基本炖熟时，放入备好的茉莉花碎即可。

（3）功效：茉莉花鸡片适用于五脏虚火之人，有利于缓解贫血和疲劳等症状。

五、食用注意

（1）内火旺盛的人服用过多的茉莉花，会打乱体内的代谢平衡，容易形成便秘、结石。

（2）失眠患者、精神不好或者压力较大者不宜食用过多的茉莉花，因为茉莉花中含有咖啡因，会使人比较精神，更加难以入睡。

茉莉花名的由来

据说，明末清初，苏州虎丘有一赵姓人家，家中有三个儿子。一家人过着穷困潦倒的生活。赵老汉外出谋生，每隔两三年回来一次。妻子和儿子在家种地。

孩子们长大后，赵老汉把土地分成三块，一人一块，种植茶树。一年，赵老汉回家带回了一捆小树苗。他只说这是南方人喜爱的芳香花朵，记不清楚名字了。不管儿子喜不喜欢，赵老汉都把这些小树苗种在大儿子的茶园边上。

一年后，一朵小白花在树上开了出来。虽然很香，但并没有引起村民们的多大兴趣。一天，大儿子惊奇地发现，茶枝上有一股小白花的香味。然后检查了整块茶田，发现都散发着香味。他悄悄地挑了一篮茶叶，到苏州城去试卖。没想到，这香茶很受欢迎，很快就卖完了。

这一年大儿子靠卖香茶发了财，消息很快传开了。两个弟弟得知后，发现哥哥的香茶是因他父亲所种的香花，认为哥哥卖茶的钱应该由三个人分享。兄弟们一直吵架，两兄弟强行破坏了香花。

村里有一位老隐士，名叫戴奎，深受群众尊敬。三个兄弟来到戴家，请他评理。

戴奎说：你们三个是兄弟，应该互帮互助。哥哥发现了香茶，卖了很多的钱，全家都应该高兴。财神菩萨进家，你们反而打起来，怎么能这么蠢？你们知道财神在哪里吗？财神就是这些芬芳的花朵。你们要培育这些芳香的花，在每个茶园都种上，兄弟都卖香茶，这样人人都会发财。现在那香花很出名，坏人想偷他们，怎么办？你们兄弟应轮换照顾，团结起来，如果你们自私、不把大家的利益放在前面，哪里能办得到？为了让你们记住我的话，我为这香花取一个名字，叫作“茉莉花”，意思是为别人做事，把个人利益放在最后。

戴老夫子的话深深打动了三兄弟。回家以后，兄弟三人和睦相处、互帮互助，一年比一年富裕。后来，苏州茉莉花成为当地有名的产品，如今苏州茉莉花茶名扬四海。

桂花

弹压西风擅众芳，十分秋色为伊忙。
一枝淡贮书窗下，人与花心各自香。

——《木犀》（北宋）朱淑真

一、物种本源

拉丁文名称，种属名

桂花（*Osmanthus* sp.），是一种常见的多年生常绿灌木或小乔木所开花朵。桂花被归于木犀科木犀属，主要别名有九里香、岩桂以及木犀等。

形态特征

桂花的表皮通常比较坚韧，每朵花有4片花瓣，形状较小，一般其苞片有小尖端，是宽卵形状；桂花的颜色通常为金黄色或者淡黄色，有些品种花色呈橙红色；桂花气味香甜，香味持久独特。

习性，生长环境

桂花花期在秋季，9—10月份是桂花开花的鼎盛期，通常有“金桂飘香”之美誉。桂花比较耐寒、耐旱，对高温也有一定的耐受力，喜阳又能够耐阴，但对湿度的要求相对较高，在温暖湿润环境下长势较好。据调查资料显示，桂花原产于我国西南部，在尼泊尔、印度一带也有分布，后被各地广泛引入种植。桂花因香味浓郁而广受人们的喜爱。

二、营养及成分

相关研究资料表明，桂花花瓣中含有较多的可溶性糖、黄酮类物质、多酚类物质、可溶性蛋白、维生素、花青素以及矿物质（锌、铁、镁、钙等），不同桂花品种之间功能性成分含量有差别。

三、食材功能

性味 性温，味辛。

归经 归肺、脾、肾经。

功能

（1）抗氧化、抗肿瘤活性。桂花中含有多种黄酮类以及多酚类的活性成分，科学实验研究表明桂花提取物对DPPH自由基、超氧自由基等均有较好的清除作用。此外适当剂量的提取物体外抗肿瘤实验表明，其对不同的癌症肿瘤株，如Hep G2、HeLa、A549和MCF–7都有明显的抑制作用。

（2）缓解肠胃不适。桂花性温，气味芳香迷人，饮用桂花茶可平衡胃部功能，减轻胀气、助消化；桂花的提取物，也可用于食品、化妆品的制作。

四、烹饪与加工

桂花蜜

（1）材料：桂花、盐、蜂蜜等。

（2）做法：桂花采摘后先用盐水浸泡，随后用少许清水冲洗、沥干，放些盐稍腌、入罐，加入蜂蜜没过桂花层、密封，最后在阴凉处放置3～5个月后即成桂花蜜。

桂花酒

（1）材料：桂花、米酒（高粱酒）、冰糖粉末等。

（2）做法：将新鲜桂花洗净后置于阴凉处晾干，随后放入洁净的罐中，添加适量米酒或高粱酒没过桂花层，亦可加入适量的碾碎的冰糖粉末，随后加盖密封，置阴凉处储存，2～3个月桂花酒便制成可以饮用了。

桂花酒

桂花酱

（1）材料：桂花、白砂糖水（食盐水、梅汁）等。

（2）做法：采集新鲜天然桂花，洗净切碎，装入提前洗净的罐子，可根据个人口味加入白砂糖水、食盐水、梅汁等调味，随后密封，置阴凉处储存，20~30天即可开盖食用。

桂花糕

（1）材料：桂花、糯米粉、面粉、白砂糖等。

（2）做法：将新鲜桂花洗净切碎备用，取糯米粉、面粉、白砂糖与备好的桂花碎混合加入适量清水，搅拌均匀至黏稠状，也可加入蜂蜜调味，最后放入模具成型、蒸制至熟即可。

桂花糕

五、食用注意

（1）桂花不适于糖尿病患者，因为桂花本来含有一定的糖分，且桂花食品整体的糖分比较高，故糖尿病患者不宜食用。

（2）不适宜内热及肝火比较旺的群体食用。

吴刚与桂花酒

自古人们把桂花看成是富贵吉祥、子孙昌盛的象征，用桂花酿制的酒自然也备受人们喜欢。相传，两英山脚下有个寡妇卖山葡萄酒。她很直率，心地善良，酿的酒醇厚香甜，人们尊称她为仙酒娘子。

一个冬天的早上，天气很冷。酒仙娘子打开门，突然发现门口躺着一个瘦骨嶙峋的男人，看起来像个乞丐。她摸了摸男人的鼻口，发现还有点气息，于是就把他背回家，给他倒了一碗热汤，又给他喝了半杯酒，那人才慢慢苏醒过来。

“谢谢娘子的救命之恩。你看我行动不便，能不能多收留我几日，不然我出去不是冻死就饿死了。”仙酒娘子左右为难。俗话说“寡妇门前是非多”，如果他住在家里，别人一定会说闲话的，但也不能看着他冻死或饿死啊，最后，娘子点了点头，同意了。

不出所料，关于仙酒娘子的流言蜚语迅速传开，大家都疏远了她。来买酒的客人也越来越少。这位娘子忍着痛苦，尽力照顾这个男人。后来，没人来买酒了，那人也不辞而别了。

一次，她在山坡上遇到一位白发老人，看他背着一担干柴艰难地走着，她想帮忙，老人突然摔倒了，枯木散落在地上。老人闭上眼睛，嘴唇颤抖，淡淡地叫道：“水，水。”荒山坡上哪里会有水？于是娘子咬破中指，血立刻流了出来，她把手指放在老人的嘴里，老人突然不见了。

一阵微风吹过，一个黄色的布袋从天而降。袋子里装满了许多黄色的小纸袋，还有一张黄色的纸条，上面写着：月宫赐桂子，奖赏善人家。福高桂树碧，寿高满树花。采花酿桂酒，先送爹和妈。吴刚助善者，降灾奸诈滑。仙酒娘子这才明白，这瘫汉子和担柴老人，都是吴刚变的。

消息一传开，人们千里迢迢来索要桂子。善良的人们种下的桂子不久就长出桂树、开满桂花，它们都散发着芬芳和无限的光彩。而心地不好的人，种下的桂子则不会生根发芽，这些人感到难堪，此后也一心向善。大家都很感激这位仙酒娘子。她的善良感动了在月宫司桂的吴刚，他将桂子洒向人间，从此，世上就有了桂花和桂花酒。

丁香花

丁香体柔弱，乱结枝犹垫。
细叶带浮毛，疏花披素艳。
深栽小斋后，庶近幽人占。
晚堕兰麝中，休怀粉身念。

——《江头四咏·丁香》
（唐）杜甫

一、物种本源

拉丁文名称，种属名

丁香花，是一种常见的多年生落叶型灌木或小乔木丁香（*Syringa oblata* Lindl.）开的花。丁香被归于木犀科丁香属，因其花筒呈细长形，如“钉子”一样，并且气味芳香，故而得名丁香。丁香花的主要别名有丁香、紫丁香、情客、百结以及龙梢子等。

形态特征

丁香花的花序呈圆锥状，花色通常为淡紫色或紫红色，气味芳香。

习性，生长环境

丁香花花期在5—6月份，在阳光充足、温度适宜、湿度适宜并且土壤肥沃的地方长势较好，比如丛林山坡、山沟旁、溪水边等地，同时一些品种也具有一定的抗寒能力，在容易有积水的低洼地，不可种植，因积水可引起病虫害致整株死亡。据资料记载，丁香花在我国栽培历史已有上千年，被誉为中华传统名贵花之一，多产于西北（除新疆外）、华北、东北等地区，世界范围内广泛分布于各温带地区。

二、营养及成分

丁香花花蕾中含有的甘油挥发油，通常被称为丁香油，其中主要包含酚类、酯类、醛类、醇类、烯烃类以及酮类等物质；此外还有些品种中含有较多的丁香酮和番樱桃素。

三、食材功能

性味 性温，味辛。

归经 归胃、脾、肺、肾经。

功能

（1）抗病原微生物作用。实验研究表明，丁香花精油具有一定的抑菌作用，对多种细菌（包括革兰阴性菌和阳性菌）、真菌（如酵母菌）、病毒（如流感病毒）等均有较好的抑制效果，但不同种类的丁香花精油的抑菌效果有所不同。

（2）增强消化系统功能作用。丁香花气味芳香，有助于提高消化能力，可用来制作健胃消食剂。一般若有腹部胀气症状，摄入适量丁香花茶可以得到有效缓解。

（3）体内驱虫作用。相关研究表明丁香的乙醇提取物、挥发油以及丁香水煎剂，在进行动物实验时，都可以有效麻痹甚至杀死其肠道内的蛔虫。在适当的浓度范围内，给实验动物服用丁香油可以有效地促进其排出肠道内的蛔虫，并且没有较大的副作用。

（4）麻醉、降低血压、抑制呼吸的作用。丁香中还含有较多的丁香油酚，动物实验表明，将丁香油酚静脉注射到大鼠体内，能起到明显的麻醉以及降低血压、抑制呼吸的作用；丁香油酚还能够抑制动物体外前列腺素的合成。

（5）抑菌消炎作用。丁香油具有抑菌消炎作用，将丁香油少量滴入龋齿的空腔中，可以起到一定的消毒作用，也能够起到麻痹神经的作用，从而缓解牙痛等症状。

四、烹饪与加工

丁香花茶

（1）材料：丁香花。

（2）做法：将新鲜的丁香花置于干燥阴凉的地方晾干，或者低温烘干制成丁香花茶。

（3）用法：饮用时取丁香花加入热水，通过热泡提取出其中的活性成分。此外，其还可以与玫瑰花茶、绿茶等一起饮用。

（4）功效：抗氧化、抗衰老。

丁香花茶

丁香花糕

（1）材料：丁香花、马蹄粉、蛋黄液、白砂糖、油、低筋粉、泡打粉等。

（2）做法：摘取新鲜的丁香花，用清水洗净之后，将鲜丁香花放入沸水中漂烫（此步是为了去除涩味），揉干水分；之后加入适量马蹄粉、蛋黄液、白砂糖、水和油进行搅拌；随后加入低筋粉和泡打粉再次搅拌成团，最后用模具制作成相应的形状，放入蒸箱蒸熟即可。

丁香花糕

五、食用注意

（1）兼有口渴口苦口干者或胃热群体不宜食用。

（2）热性病以及内热阴虚者忌食。

（3）女性月经期间忌食。

白丁香的来历

从前，京城一显官生性傲慢，常辱骂家中厨师，嫌他做菜不适口。厨师把心里的苦闷告诉邻里穷秀才。秀才得知显官将举办春宴，就想出一上联教他席间向显官征答下联。

大办春宴的那天，京城显贵都应邀做客，厨师先为显官斟一杯酒。显官呷了一口责问："为何斟冰冷酒？"

厨师答道："小人想借此作上联，请大人对下联，让大家为你文才盖京师助兴。"说罢，跪地壮着胆说："冰冷酒，一点二点三点，点点在心。"

众宾客点头称好，可显官无言以答。宾客解围："厨师先去做菜，让我们一起想想。"厨师说："等大人对出，小人才敢站起。"桌上有酒无菜，显官觉得面子失尽，不久便被气死。

次年春天，显官的坟上长出一株丁香，全开白花，往年参加春宴的同僚闻讯后前去看望，穷秀才也赶来凑热闹，并说："丁香花的'丁'字是'百'字头，'香'字是'千'字头，'花'是'万'字头，这是他死后在阴间对出的下联。"（这里的"丁""香""花"皆为繁体字）即"丁香花，百头千头万头，头头是道"。那么古来的紫丁香又怎会变成白丁香呢？秀才继而解释："显官死后明白做人的道理，他要告诉儿孙做人不可追逐红里发紫，恶紫夺朱，仗势欺人。要心胸大度像白色，淡泊官禄，清白明志。"由此，紫丁香变种为白丁香。

牡丹花

庭前芍药妖无格，池上芙蕖净少情。
唯有牡丹真国色，花开时节动京城。

——《赏牡丹》（唐）刘禹锡

一、物种本源

拉丁文名称，种属名

牡丹花，是一种常见的多年生灌木牡丹（*Paeonia suffruticosa* Andr.）所开花朵，落叶型。牡丹被归于芍药科芍药属。

形态特征

牡丹花是单生，花色有多种，比较艳丽，如紫色、红色、玫红色、白色、粉色等；花丝亦有多种颜色，如紫色、黄色、粉色等；另外还有不同的花形，如绣球形、皇冠状以及荷花形等。通常来说，牡丹花是倒卵形的，宽度为4.2～6.0厘米，长度为5.0～8.0厘米，形状不规则；其雄蕊长度为1.0～1.7厘米。

习性，生长环境

牡丹花比较耐寒耐热，耐潮但忌积水，比较耐旱，但不能被强光直射，不耐酸性土壤，在阳光充足，温暖干燥的环境中长势较好。牡丹花通常在4—5月份开花。调查资料显示，在中国境内，大多数省份均有种植牡丹，其是一种十分常见的花种，以河南洛阳牡丹最为出名。国外的牡丹花也有很多品种，主要位于温带、亚热带地区，因花形大、颜色美而广受世界各地园艺爱好者喜爱。

二、营养及成分

牡丹花中富含花青素、多酚、多糖类活性物质等，其中牡丹花的花蕊是牡丹植株中最宝贵的部分，富含天然角鲨烯、活性多糖、黄酮化合物、α–亚麻酸等具有一定营养价值的稀有成分，被美赞为是牡丹花之精华。

三、食材功能

性味 性平，味苦、淡。

归经 归肝、脾经。

功能

（1）降血糖作用。相关科学研究说明，牡丹花中的某些成分可以有效降低高血糖诱导小鼠的血糖含量，并且存在一定的剂量效应关系。有科技工作者将牡丹花的雄蕊制作成牡丹雄蕊茶，以扩大牡丹应用于健康领域的价值。

（2）抗心律失常和保肝作用。丹皮酚作为牡丹花中的一种重要的活性物质，对乳鼠心肌细胞中钙离子的摄取有显著抑制作用，能显著降低心肌细胞的搏动频率；与此同时，抑制钙离子内流等作用也可以用来保护肝脏免受损伤。

（3）抗氧化作用。牡丹花中含有多种还原性物质，其水浸提液在体外试验中能够有效地清除超氧自由基、羟基自由基，但不同品种的牡丹花此功能差异较大。同时，牡丹花中含有的精油以及黄酮类物质也有类似功效，故牡丹花提取物目前也经常用于日用化妆品的生产，如洗面奶、精华、护肤皂等。

四、烹饪与加工

明代《遵生八笺》载：“牡丹新落瓣也可煎食。” 再如明代《二如亭群芳谱》有言：“牡丹花煎法与玉兰同，可食，可蜜浸。”“花瓣择洗净拖面，麻油煎食至美。”在中国的历史长河中，在许多地方，人们都选用牡丹花的花瓣来做牡丹汤，以其特色名来做菜。此外，牡丹花瓣可也被用来蒸制成牡丹酒，风味醇厚，酒香怡人。

牡丹花茶

（1）材料：牡丹花。

（2）做法：将新鲜牡丹花洗净去杂，沥水，置于阴处晾干后低温烘干，去除多余水分，以增加保藏期限，饮用时取适量沸水冲泡即可。可单独冲泡或与其他种类花茶混合冲泡。

（3）功效：养血和肝，适用于气血阻滞、肝肾不足而致的脱发断发、头发干枯、眉毛稀疏、耳鸣眩晕等症。

牡丹花粥

（1）材料：大米、红枣、山药、枸杞、牡丹花等。

（2）做法：将新鲜牡丹花洗净备用，接下来水烧开，之后加入适量上述材料，小火煮制成熟，最后加入备好的牡丹花片，焖煮四五分钟即可开盖饮用，色香味俱全。

牡丹花粥

五、食用注意

（1）牡丹花茶具有一定的活血功能，脾虚体弱者慎用，孕妇及经期慎用。

（2）应适当食用或饮用牡丹花制品，不可长期大量摄入，以减少副作用。

武则天与牡丹花

牡丹又名“焦骨牡丹”，传说与武则天有关。

唐朝时，一日，大雪纷飞，天寒地冻，滴水成冰，武则天到后苑游玩，饮酒作诗。她看到所有的花都凋谢和枯萎了，很沮丧，很焦虑。心想如果所有的花都在一夜之间盛开，那该多好啊。想到这，她乘酒兴醉笔写下了一道诏书：“明朝游上苑，火速报春知。花须连夜发，莫待晓风吹。”令百花齐放。

百花慑于此命，一夜之间，御苑花团锦簇。看到此盛景，武则天非常高兴。突然，一座荒凉的花园映入眼帘。她的脸突然沉了下去，“这是什么花？你竟敢违背圣旨”？大家回答说那都是牡丹花。武则天大发雷霆：“马上把这些胆大妄为的牡丹赶出京城，贬到洛阳去。”谁知牡丹在洛阳落户，竟开得十分茂盛。武则天闻之大为恼怒，立即派人到洛阳烧尽所有牡丹。火光冲天，牡丹在火中挣扎呻吟。人们惊奇地发现，牡丹的枝干虽被烧焦烧黑，但到第二年春天，牡丹开得更加硕大绚丽、更加耀眼。

因为这种牡丹在烈火中骨焦心刚，矢志不渝，人们赞它为“焦骨牡丹”。牡丹仙子以其震撼人心的正义被众神誉为“花中之王”。此后，牡丹在举世闻名的洛阳扎根开花。经过洛阳人的精心培育，花儿更红更艳，所以后人称其为“洛阳红”。

牡丹这种不畏威压的性格，堪称花中一杰。民间传说牡丹藐视强暴，也有诗人赋予这花王以可贵品格。皮日休对晚唐黑暗现实不满，加入黄巢领导的农民起义军，他另辟蹊径颂牡丹：“落尽残红始吐芳，佳名唤作百花王。竞夸天下无双艳，独立人间第一香。”

白兰花

琼姿本自江南种，移向春光上苑栽。
试比群芳真皎洁，冰心一片晓风开。

——《玉兰》（清）
爱新觉罗·玄烨

一、物种本源

拉丁文名称，种属名

白兰花（*Michelia alba* DC.），是一种常见的多年生常绿乔木所开花朵，它被归于木兰科含笑属；主要别名有白缅花、缅桂花等。

形态特征

白兰花的花被片一般为10片，形状多为披针形，花长约为3.5厘米，宽约为4厘米，其雌蕊长度约为4.0毫米，被柔毛。白兰花淡雅清香，多为白色，非常香。

习性，生长环境

白兰花的花期比较长，每年开花期在4—9月，共约半年。白兰花不耐旱涝、畏寒冷、怕高温，在阳光充足，温暖湿润，土壤偏酸性的环境下长势较好。此外，白兰花对氯气、硫化氢等有毒气体抗性较差。据资料显示，白兰花原产地在印度尼西亚爪哇地区，在东南亚地区均有广泛种植，目前我国广东、广西、云南以及福建地区都有广泛种植。

二、营养及成分

白兰花中富含挥发油，目前对白兰花的研究主要集中在挥发油及其成分检测、生物活性探究等方面。研究成果表明其主要成分为酯类、烯类、醇类、酚类等多种生物碱活性成分等。白兰花含有的芳樟醇具有抑菌抗病毒、消除炎症等作用。

三、食材功能

性味 性微温，味苦、辛。

归经 归肺、胃经。

功能

（1）消炎杀菌作用。白兰花中含有多种天然药用成分，其中生物碱和酚类化合物的含量都比较高，这些物质被人体吸收后能发挥特别明显的消炎杀菌作用，能抑制多种细菌和病毒在人体内的滋生、繁殖，也能让人体内出现的炎症尽快消退，常用它泡水喝对提高身体抗炎能力有很大的好处。此外，白玉兰也可用于体外杀菌，目前已有相关研究者尝试开发白兰花沐浴露、洗手液等产品。

（2）利尿消肿作用。白兰花入药后，对人类的泌尿系统有十分积极的作用，其含有的消炎成分能有效预防肾炎与尿路感染等疾病；还能让泌尿系统感染的症状尽快减轻，对由泌尿系统感染引起的小便不利与身体浮肿都有良好治疗作用。

（3）止咳化痰作用。相关研究表明，白兰花提取物也可以入肺，其可以改善人的肺功能，可以消除气管和肺的炎症，还可以缓解肺热和干燥；另外在临床上白兰花还是治疗人体气管炎的常用药物添加物，其能使患者的症状尽快减轻，有利于呼吸系统功能恢复正常。

四、烹饪与加工

白兰花粥

（1）材料：新鲜白兰花、红枣、大米、白砂糖等。

（2）做法：采摘新鲜白兰花，洗干净后备用，红枣切丝备用，在锅中加入适量水，大火煮沸，随后在锅中加入洗净的大米、红枣丝，煮沸后小火慢熬20～30分钟，起盖加入备好的白兰花，再小火焖煮10分钟后即可食用，亦可根据个人口味添加白砂糖等调

白兰花粥

味。白兰花粥色白味香，香甜软糯，广受欢迎。

白兰花茶

（1）材料：白兰花。

（2）做法：采取新鲜白兰花，去花蕊、花托，折瓣洗净，置于阴凉通风处晾干即可，亦可与其他花茶，如茉莉花、米兰花等混合制作。

（3）功效：清热化湿。适用于前列腺炎患者。

白兰花茶果冻

（1）材料：白兰花茶、果冻粉、蜂蜜、白砂糖等。

（2）做法：有研究者将白兰花茶与其他花茶混合煮制，加入适量果冻粉、蜂蜜、白砂糖等调配、成型制作为花茶果冻。

（3）功效：口感顺滑，花香怡人，食用后能有效清新口气、减少口腔细菌的滋生。

五、食用注意

（1）平时脾和胃比较虚弱者忌食。

（2）其置于药中须遵医嘱。

玉兰花的传说

很久以前，在张家界的一处深山里住着三个姐妹，大姐叫红玉兰，二姐叫白玉兰，三姐叫黄玉兰。

一天，她们下山游玩时发现村子里一片死寂。三姐妹十分惊异，向村子里的人询问后得知，原来秦始皇挖山填海，杀死了龙虾公主，从此，龙王爷就跟张家界成了仇家，龙王锁了盐库，不让张家界人吃盐，终于导致了瘟疫发生，死了好多人。

三姐妹十分同情他们，于是决定帮大家讨盐。然而这又谈何容易？在遭到龙王多次拒绝以后，三姐妹只得从看守盐仓的蟹将军入手，用自己酿制的花香迷倒了蟹将军，趁机将盐仓凿穿，把所有的盐都浸入海水中。村子里的人得救了，三姐妹却被龙王变作花树。

后来，人们为了纪念她们，就将那种花树称作“玉兰花”，而她们酿造的花香也变成了她们自己的香味。

美人蕉

照眼花明小院幽，最宜红上美人头。
无情有态缘何事，也倚新妆弄晚秋。

——《美人蕉》（清）庄大中

一、物种本源

拉丁文名称，种属名

美人蕉（*Canna indica* L.），是一种多年生宿根草本植物，它被归于美人蕉科美人蕉属，又被称为小芭蕉、红艳蕉等。

形态特征

美人蕉花序是总状花序，单生，花的颜色艳丽，多数为鲜艳的红色，也有粉色、黄色、白色、红黄混色等；通常来说，美人蕉的花朵大小为3.0~5.0厘米，植株高度最高可达1.2米。

习性，生长环境

美人蕉不耐寒，对土壤质量要求较低，适应性较强，在阳光充足、气候温暖区域长势较好；花期较长，通常盛花期在6—10月份。据相关资料记载，美人蕉原产于热带地区，如马来西亚、印度等，目前被多数国家引入培育，在我国其主要分布于长江以南地区，长江以北地区也有种植但冬季需人工保护才能安全越冬。

二、营养及成分

美人蕉花朵中富含生物活性成分，如花苷类、多酚类、黄酮类、维生素类等，可入药。目前从美人蕉花朵中提取出的红色素已经被应用于食品工业，其能作为天然食品着色剂，尤其在酸性条件下对光、热均比较稳定，着色性好。

三、食材功能

性味 性凉，味甘。

归经 归心、脾经。

功能

（1）古籍记载：《舟车经验良方》：用芭蕉一大片，入锅内炒干存性，为末，黄酒调服。立效。此方亦治一切吐血，若用美人蕉，更妙。据《滇省志》《傣医药》记载，其根茎可治黄疸型急性传染性肝炎、神经官能症、跌打损伤，花可治金疮、外伤出血。

（2）现代研究：目前对美人蕉花的功能性研究多停留在其天然色素的提取方面，其他方面涉及不多。相比较而言，科研工作者对美人蕉根提取物研究相比多一些，但也仅停留在20世纪八九十年代，如有研究者对小鼠以不同剂量的美人蕉根提取物灌胃，小鼠均未出现死亡，对比肝肾病理学组织观察证明了其低毒性；同时研究结果表明，美人蕉提取物能加速四氯化碳中毒小鼠血清骨唾液酸蛋白（BSP）的清除，给药后小鼠胆汁分泌大量增加，能直接作用于肠肌降低其紧张性等。

四、烹饪与加工

治高血压药方

（1）材料：美人蕉、益母草、火炭母各30克，茛根、虎杖各15克。

（2）用法：用水煎服。

治神经官能症药方

（1）材料：美人蕉30克，麦冬、知母、茯苓、火麻仁各15克，枣仁6克。

（2）用法：用水煎服。

美人蕉花滋补汤

（1）材料：美人蕉花、生姜、莲子等。

（2）做法：采摘美人蕉花洗净备用，将生姜小片、莲子混合加入煮锅中煮制半小时，揭盖加入备好的美人蕉花瓣少量，焖煮5分钟即可饮用。

（3）功效：夏季亦可放入冰箱中冰镇饮用，消暑解渴，营养滋补。

美人蕉花滋补汤

五、食用注意

美人蕉性寒凉，故脾胃虚寒者慎用。

美人蕉的由来

相传在很久以前，一个月白风清之夜，天庭里几位仙女闲来无聊，偷出宫廷，窥视下界。当她们目光移向长潭境时，不禁齐声惊叹："绿水青山，男耕女织，一派欢乐祥和景象，这里多美啊！"于是她们忘了天规，动了凡心，决定到人间玩一回。

仙女们按下云头，正好落在长潭河畔。她们各自折一根树枝，摇枝成桨；摘一片叶子，呵气成船，优哉游哉，划船玩耍，又唱又笑，惹得潭中水族，浮水观看，羡慕不已。

时过半夜，她们弃船登岸，沿着山道，走进一线天内，但见飞瀑直泻，水清如镜，美不胜收。仙女们情不自禁，解去外衣，跳进潭中，追逐戏水。天已亮了，仙女们已回不了天庭，遂扎根大地，幻化成亭亭玉立的翠叶红花的美人蕉，仿佛永远微笑着迎接四方来客。人们将其命名为"红蕉"。

到唐代时，有位诗人见其红艳柔美，恰似美人，遂吟诗："一似美人春睡起，绛唇翠袖舞东风。"这个形象的比喻赢得人们赞许，从此富有魅力的"美人蕉"代替了原名。

辛夷

山吐晴岚水放光，辛夷花白柳梢黄。
但知莫作江西意，风景何曾异帝乡。

——《代春赠》（唐）白居易

一、物种本源

拉丁文名称，种属名

辛夷为木兰科植物望春花（*Magnolia biondii* Pamp.）、玉兰（*Magnolia denudata* Desr.）或武当玉兰（*Magnolia sprengeri* Pamp.）的花。

形态特征

辛夷花的花朵比其叶先开放，单生，气味芳香，花被片有9片，呈倒卵状，花色多为白色、紫色或浅紫红色，通常基部颜色加深。

习性，生长环境

辛夷花喜欢阳光，比较耐寒耐干燥，在冬季不受人工保护即可安全露地越冬，对土壤要求为偏酸性最佳，此外其对部分有害气体有很强的抗性，能较好地吸收腐蚀性气体二氧化硫和氯气等，有净化附近空气的作用。据资料记载，辛夷花原产于中国，目前在我国很多省份均有种植，通常为城市中早春季节的观赏性植物，也是一种防止污染的绿化植物。

二、营养及成分

辛夷花中含多种挥发油成分，其经鉴别主要有醇类、醛类、酚类等，其中主要功能性成分有鞣酸、生物碱、丁香油酚、丁香烯以及柠檬醛等；不同季节采取的辛夷花，其成分会有差别。

三、食材功能

性味 性温，味辛。

归经 归肺、胃经。

功能

（1）局部收敛作用。辛夷花入药以后，具有局部收敛作用。辛夷花含有一定量的挥发油和芳香类物质，能收缩人类的鼻腔黏膜和毛细血管，可以防止鼻出血和鼻腔黏膜受损。将辛夷花药物制剂作用于鼻腔黏膜，可以产生一层表面凝固膜，有效减少渗出物和分泌物，对鼻炎，有良好预防和治疗作用。目前在医药行业，为方便患者服用，辛夷花已被制成鼻炎丸、鼻炎喷剂以及鼻炎片等中成药。

（2）抗菌抗病毒作用。辛夷花入药以后还具有超强效的抗菌作用，其能抑制多种细菌的繁殖和再生，而且还能抑制多种皮肤真菌的活性，能减轻多种真菌对人体皮肤细胞的伤害。此外，辛夷花还具有超强的抗病毒作用，它能抑制多种病毒，减轻病毒对人体组织细胞造成的伤害，对人群中高发的病毒性疾病都有明显的预防作用。

（3）提高身体抗过敏能力。平时适量服用一些辛夷花茶，还能提高人类身体的抗过敏能力，其中一些营养成分能直接作用于人体的免疫系统，还可以提高人体对一些易过敏物质的抵抗性，预防多种过敏症状的发生。

（4）其他功效。据《本草纲目》记载，辛夷花可用于治疗“鼻渊，鼻鼽，鼻窒，鼻疮及痘后鼻疮”。据《江西中药》记载，辛夷花外用时能够促进子宫的收缩，可用于给妇人催生。据《月华子本草》记载，辛夷花通关脉，明目，治头痛。憎寒、体噤、瘙痒。

四、烹饪与加工

辛夷花煲汤

（1）材料：瘦肉300克，鲫鱼2条，辛夷花30克，蜜枣、陈皮、生姜、盐适量。

（2）做法：将瘦肉、鲫鱼、辛夷花清洗干净备用；瘦肉用刀切成肉丁状，之后用沸水焯烫一下；将肉丁、鲫鱼还有辛夷花一起放到汤锅中，再加入适量的蜜枣、陈皮及生姜，放入清水大火加热烧开，转小火继续煮1小时，最后根据个人口味放食用盐调味即可。

（3）功效：驱寒，缓解风寒之症。

薄荷辛夷花茶

（1）材料：辛夷花2克，薄荷6克。

（2）做法：春季采剪未开放的辛夷花蕾，晒至半干，堆起，待内部发热后再晒至全干；薄荷晒干，拌匀。

（3）用法：白开水冲泡，日1剂，代茶饮。

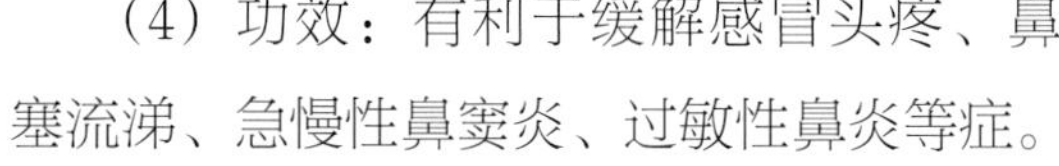

（4）功效：有利于缓解感冒头疼、鼻塞流涕、急慢性鼻窦炎、过敏性鼻炎等症。

薄荷辛夷花茶

辛夷花保健面包

（1）材料：辛夷花、杏仁、陈皮、面包粉等。

（2）做法：有功能性食品研发人员将辛夷花与杏仁、陈皮等混合，按比例添加到面包粉中，经发酵烘烤制成面包。

（3）功效：经常适量食用，能够有效预防或缓解鼻炎。

五、食用注意

阴虚火旺者忌服。

辛夷花的传说

在内乡宝天曼境内，生长着一种奇特的木兰树，它开出的花儿，洁白如雪，全没有一丁点杂色。每年，当春风消融雪水时，朵朵晶莹的花儿，就缀满了枝头，散发着缕缕幽雅的粉香。千百年来，当地一直流传着一个悲壮的爱情故事。

传说，汉王刘秀起兵伐莽初期，汉军兵少将寡，势单力薄，一时难成气候。汉王为了广联反莽势力，在这年冬天，特派亲信任光策马前去与起兵绿林山的王匡、王凤率领的义军联系，共商大计，以期攻打宛城一带的莽军，先占中原。

任光在拜见王匡、王凤后，立即策马回返。不料，由于多日的奔波劳累，加之天寒地冻，任光竟染上了严重的感冒。这天，大雪纷飞，北风呼呼，已行至宝天曼的任光，忽然一阵晕眩，眼冒金星，跌下马来。

后被一个名叫辛夷的姑娘救下，姑娘为任光端茶熬药，悉心照料。任光的病一天天地好了起来，两人也产生了真挚的感情。临别时，任光和辛夷姑娘相约，待他大事一了，就来迎娶姑娘。

任光跟随刘秀南征北战，屡建奇功。建立东汉之后，任光被任命为信阳太守，准备到宝天曼与辛夷姑娘成亲。谁知汉王姐姐湖阳公主看上了任光，托人提亲，但被任光婉言拒绝。湖阳公主听到任光和辛夷的恋情，就暗地派人到宝天曼对辛夷说：任太守已经与湖阳公主喜结良缘，大人派我前来退婚，望你好自为之。

辛夷娘娘一听，好似晴天霹雳，欲哭无泪，心如刀绞，一时万念俱灰，一头撞死在身边的木兰树上。等任光摆脱湖阳公主的纠缠，来找辛夷时，已经晚了。任光在辛夷坟前大哭一场，从此弃官而去。

后来，人们感念辛夷姑娘的贞烈，就把木兰树更名为辛夷树。辛夷花代表着美丽、高洁、芬芳、报恩、真挚和纯洁的爱。

月季花

只道花无十日红，此花无日不春风。
一尖已剥胭脂笔，四破犹包翡翠茸。
别有香超桃李外，更同梅斗雪霜中。
折来喜作新年看，忘却今晨是季冬。

——《腊前月季》（南宋）杨万里

一、物种本源

拉丁文名称，种属名

月季花（*Rosa chinensis* Jacq.），被归于蔷薇科蔷薇属，是一种比较常见的低矮灌木，常绿或半常绿，俗称月月花、月月红、四季花等。

形态特征

月季花相比于其他花而言，花型较大，有着浓郁的香气；月季花品种较多，常见的有切花月季、地被月季、藤本月季等；月季花颜色多样，有粉色、红色、淡黄色以及白色等。

习性，生长环境

月季花花期较长，通常来说，八月到次年的四月都是月季花的花期，月季对环境适应性较强，比较耐寒、耐旱，栽培相对其他多数花种较易。月季作为中国的常见花种之一，目前在国内许多省份都有种植，因花朵鲜艳美丽、气味芳香广受园艺爱好者喜爱。

二、营养及成分

月季花花瓣中营养成分丰富，含有多种人体必需氨基酸，相关研究资料表明，鲜月季花中水分含量约在85.36%，其余功能性多糖类约占5.50%，蛋白质约占0.92%，脂肪约占0.87%，矿物质约占0.53 %、维生素B_2约占0.70%、维生素B_1约占0.35%等，功能性成分丰富。

三、食材功能

性 味 性温，味甘。

归经 归肝经。

功能

（1）抗氧化作用。月季花中含有黄酮类化合物以及生物活性色素等功能性物质，具有较好的抗氧化活性。例如体内体外相关实验结果表明，月季花提取物对DPPH自由基、超氧自由基等均有一定的清除作用，并且清除效果随提取物剂量增加而增加；再如，有研究采用不同的运动强度训练大鼠的骨骼肌，对应按剂量灌喂月季花色素提取物，并测定其肌肉中抗氧化活性酶的活力，实验结果表明，适当摄入色素提取物可以有效防止骨骼肌中脂类物质的过氧化，从而有效地保护骨骼肌细胞的结构完整与功能正常，使大鼠具有较高的运动能力。

（2）降血糖作用。相关科学研究表明，月季花提取物能够起到降血糖的作用，如研究者在研究月季花与玫瑰花双花提取物的生理功能时，对小鼠进行糖类物质负荷实验发现，此两种花的混合提取物能够有效抑制α–葡萄糖苷酶的活性，从而有效降低高糖饮食后的血糖水平。另外已经有相关技术人员针对月季花的这一功效研制出月季花降血糖的中药制剂；也有相关研究者通过体外细胞试验和体内动物实验探究月季花水提物对糖尿病的治疗效果，实验表明这些成分都具有降血糖的功效。

（3）活血调经、解毒消肿作用。《分类草药性》记载：止血，治红崩、白带；《泉州本草》记载：通经活血化瘀，清肠胃湿热，泻肺火，止咳，止血止痛，消痈毒。

四、烹饪与加工

月季花粥

（1）材料：粳米、桂圆肉末、月季花、蜂蜜等。

（2）做法：将准备好的粳米和桂圆肉末放入锅中小火熬制，待快熟的时候，再加入月季花和适量蜂蜜，煮制成的月季花粥清香怡人、口感温润（亦可加入适量雪梨小块、贝母等，熬制成贝母雪梨月季花粥）。

（3）功效：经常饮用可以起到活血、延缓衰老的作用。

月季花粥

酥炸月季花

（1）材料：鸡蛋、牛奶、面粉、月季花瓣、白砂糖等。

（2）做法：将鸡蛋、牛奶混合，加入适量面粉，一起搅拌至呈黏稠状，待醒发20分钟后，加入适量月季花瓣（切菱形小片），根据个人口味适量加入白砂糖，溶化搅拌均匀后，拿出模型器具，将其入模制作成花瓣状后，放入油锅炸熟即可。

月季花茶

（1）材料：月季花。

（2）做法：新鲜月季花，剥瓣用盐水洗净，备用。另随着现代食品加工技术的发展，可将新鲜月季花低温真空烘干或冷冻干燥制成月季花茶包，以此既可以较好地保持其良好色泽，又可以保护其功能性成分不被破坏，此外也可以扩大消费群体。将水煮沸后加入适量备好的月季花

（月季花茶包），停火焖盖2分钟，即可饮用。

（3）功效：气味甜香，品色俱佳，具有活血调经、抗氧化等功能。

月季花茶

五、食用注意

（1）儿童不宜用。

（2）正常人不宜过量食用，过量服用容易引起头冒冷汗、肾虚等症状。

月季花的由来

古时候，中原有一个鄗国，国王的王宫后面有一座御花园，里面长满了各种各样的花卉和珍贵的草药。离王宫不远，有一座寺院，寺院里的老和尚为了配制仙丹，常到御花园来采药。

有一天，老和尚不经意间找到了一株很大的何首乌，十分高兴。不料挖到药根的时候，发现有一条小蚯蚓横卧在根旁，已经把何首乌的精华吸干了，老和尚十分恼怒，便举起铲子把小蚯蚓拦腰砍断了。

这天，八岁的小王子正在御花园里玩耍，就从自己的衣服上扯下一根红丝线，把小蚯蚓的两截残体接起来，然后把它埋在土里。

十年后，小王子继承了王位。在他到了需要娶王后的年纪时，大臣们从全国各地挑选的美女个个长得都像天仙一般，可小国王见了丝毫不动心。最后送到宫中的是一位布衣姑娘，虽然没有涂脂抹粉，却别有一番素雅秀美的风姿。小国王对她一见钟情，并选她当了王后。

成婚那天，老和尚前来贺喜。他见了美丽的王后，不由得心中一惊，认出这姑娘就是他当年刨药时砍伤过的小蚯蚓。老和尚心中又恨又怕，于是，就悄悄地对小国王说："陛下小心，姑娘不是世间凡人，乃是土中之妖物所变。陛下若是不信，可趁夜间安寝时看她腰间，是否有一条红印。"

老和尚走后，小国王心中疑惑不定，晚上睡觉时，果然发现王后娘娘的腰间有一圈红印。小国王十分害怕，第二天便把老和尚请到宫中，请他帮助想办法。

原来，王后娘娘就是当年的小蚯蚓。她一心要报小王子救命之恩，于是就趁小王子登基选娘娘之机，变成姑娘进了王宫。

王后娘娘也认出老和尚就是当年残害自己的仇人。她见老和尚又被请进宫来，心里就明白了。她想：老和尚法力高强，只有和他斗智，才能攻破他的法术。

小国王为老和尚准备了一席素食斋饭、一个香案和一顶红色的和尚帽。她便想出了一条妙计，派人在斋饭的素包子馅里搅拌了些猪油，如果老和尚开了荤，法力就会失灵。她又派人在香案上放了一炷勾魂香，这香点着后，烟雾中会显现出一个绝代美人，如果老和尚动了邪念，法力也会失灵。后来，王后娘娘又用自己的红衣做了一顶和尚帽，悄悄地把小国王准备送给老和尚的那顶帽子调换了，如果老和尚戴了这顶帽子，他的法力就会彻底毁掉。

到吃斋饭的时候，小国王拿了一个拌猪油的素包子敬给老和尚。老和尚心中明白，接过来暗暗地藏到袍袖里，掏出自己带的素包子，大口大口地吃了起来。吃完斋饭，老和尚就到香案前去做法事。他从背褡里取出一炷香，换掉王后娘娘的勾魂香，口中念念有词，准备捉拿蚯蚓。

等做完了法事，小国王亲手把帽子递到老和尚面前，谁知老和尚见了帽子，二话不说，用禅杖挑起就走。王后娘娘见老和尚没有中计，心中着急了。她想：要是老和尚出去后扔掉和尚帽，就破不了他的法力，自己不但报答不了小国王的恩情，反而要被老和尚杀害。想到这里，她急中生智，悄悄跑到老和尚必经之路躲了起来，等老和尚走过时。她“呼”地吹起一阵清风，把老和尚禅杖上的和尚帽戴到了他的头上。老和尚没有提防，大叫一声，急忙甩掉帽子，但是为时已晚，他失去了法力，成了一个普通的凡人。

王后娘娘见大功告成，便回到小国王身边，将实情相告。小国王恍然大悟，这才知道王后娘娘腰间的红印就是自己当年为小蚯蚓接身的红丝线。小国王爱上王后娘娘勤劳善良的品格，决心和她白头偕老。

不久之后，御花园里落下和尚帽的地方，长出一株花来，这花不分时令，月月开花月月红。王后娘娘亲自为它浇水松土，并且用花根为宫中的妇女治病，百治百灵。王后娘娘为当地的妇女解除了病痛，受到了老百姓由衷的拥戴。后来，这种月月开花的植物，被人们称为月季花。

玫瑰花

非关月季姓名同，不与蔷薇谱牒通。
接叶连枝千万绿，一花两色浅深红。
风流各自胭脂格，雨露何私造化工。
别有国香收不得，诗人熏入水沉中。

——《红玫瑰》（南宋）杨万里

一、物种本源

拉丁文名称，种属名

玫瑰花，是一种常见的多年生落叶灌木玫瑰（*Rosa rugosa* Thunb.）所开花朵。玫瑰被归于蔷薇科蔷薇属。

形态特征

玫瑰花通常呈卵形，也常常有不规则的形状出现，每朵花具有5叶萼片，通常为褐色偏黄或者偏绿，5片花瓣或者有重瓣花瓣，花色多种，其中红色是最常见的颜色，也有白色、黄色、紫色、粉红色等，香味十分浓郁，不同颜色被人们赋予了不同花语，被称为“爱情之花”。

习性，生长环境

玫瑰比较抗寒、耐旱，通常在阳光充足、土壤肥沃区域长势较好，其开花需要长时间日照，通常不少于8小时，且对空气湿度有一定的要求，但阳光强度不可过强，否则会灼伤花苞，影响其正常开放；其花期为5—6月份，通常一年一次开花，少数品种一年可多次开花。据资料记载，玫瑰花原产于中国华北地区以及日本、朝鲜等地，后被世界各国广泛引入培育种植，目前我国大多数省份均有种植。

二、营养及成分

玫瑰花含有多种营养成分，如可溶性糖类、黄酮类、有机酸、酚类、鞣质、生物碱、氨基酸、蛋白质和多种矿物质元素。

三、食材功能

性味 性温，味甘、微苦。

归经 归肝、脾经。

功能

（1）缓解痛经。玫瑰花性温，具有很好的活血祛瘀效果。女性经期适量服用玫瑰花茶，能够促进血液循环，加快体内代谢，并可缓解因血瘀体寒而引起的痛经等症。

（2）温胃健脾。玫瑰花可以理气解郁，适当饮用玫瑰花茶可以温胃健脾、帮助消化、净化肠道、活血化瘀、促进新陈代谢等。

（3）美容护肤。玫瑰花茶还具有美容护肤作用，通常以饭后饮用为佳。

（4）软化血管、舒筋活络通络。

（5）协调肝脏和脾脏，从而维护身体健康。据《本草正义》记载："玫瑰花，清而不浊，和而不猛，柔肝醒胃，疏气活血，宣通窒滞而绝无辛温刚燥之弊，断推气分药之中，最有捷效而最驯良，芳香诸品，殆无其匹。"

（6）其他功效。据《食物本草》：主利肺脾，益肝胆，辟邪恶之气，食之芳香甘美，令人神爽。《本草纲目拾遗》：和血，行血，理气，治风痹。《本草再新》：舒肝胆之郁气，健脾降火，治腹中冷痛、胃脘积寒，兼能破血。

玫瑰花茶

玫瑰花酱

玫瑰花酱

（1）材料：玫瑰花瓣、白砂糖等。

（2）做法：玫瑰花酱是用糖液浸泡玫瑰花瓣制成的，选用的花朵必须充分发育，待花瓣厚花色浓，才可摘下，清洗干净后，加入白砂糖、适量清水进行腌制，一段时间后即可食用。

南瓜玫瑰花馒头

南瓜玫瑰花馒头

（1）材料：面粉、活性酵母、南瓜、泡打粉、玫瑰花碎等。

（2）做法：准备面粉，加入适量活性酵母，将南瓜蒸熟剁碎后再加入少量的玫瑰花碎，加泡打粉搅拌；随后将其揉捏成面团，室温25度发酵后，切块擀成圆片；将6片叠成一排，用筷子在中间压一条线，勿要压断面皮；从最底部那块面皮开始从下往上卷起，卷好后从中间切断，切口朝下，将切面整理成花瓣形状，放在锅中蒸制20分钟即可，香甜可口，健康美味。

牛奶玫瑰花茶

（1）材料：玫瑰花、牛奶、葡萄干、枸杞等。

（2）做法：取适量牛奶加入葡萄干、枸杞等，置入煮锅中煮沸，同时也可以根据个人口味添加蜂蜜或白砂糖，待牛奶煮沸时，揭盖加入玫瑰花干花，焖制片刻即可饮用。

（3）功效：牛奶玫瑰花茶中富含多种抗氧化成分，长期饮用有滋养肌肤的功效。

五、食用注意

（1）玫瑰花茶不适合月经量过多的女性喝，少量饮用可以缓解女性部分妇科症状，但是如果过多饮用，则会使女性经期流血过多，故月经量本身较大的女性不宜多饮用。

（2）便秘患者不适合喝玫瑰花茶，因为玫瑰花具有一定的收敛作用，对于一些严重的腹泻患者有明显的止泻效果，但是，若严重便秘者长期服用玫瑰花茶，则会使便秘更加严重。

爱情之花

据说玫瑰起初只长叶子不开花，是爱情的力量才使得它开出鲜艳的花朵。相传，在古代，山东平阴地方的水山脚下，有一对青年男女，男的叫刘郎，女的叫翠屏。有一天刘郎在东山砍柴，翠屏在西山采药。刘郎有些困乏，便依着柴捆睡着了。睡梦中他似乎闻到了一股花香，连忙起来循着花香走到了一个叫“水山御苑”的地方，这里是王母娘娘的一处凡间花园，而刘郎并不知道。

他见到一棵树，枝头上开了一朵红花，艳丽多姿，芳香扑鼻。仔细一看，原来是一株玫瑰。水山上的玫瑰都不开花，这里的玫瑰怎么会开出这么美丽又有香味的花朵呢？他想到，如果把这朵鲜花戴在翠屏的头上，该有多好。于是他便伸手将这朵玫瑰花摘了下来，刚想转身离开，突然两个天兵出现在他的面前，不由分说就把刘郎绑了起来。

翠屏采药归来，不见刘郎，便一路喊着寻找。她终于找到了双手被天兵绑起来的刘郎，知道他由于私摘了王母娘娘的珍贵玫瑰花，而被罚做终生苦役。天兵说：“除非水山上的玫瑰都开出花来，才有可能放刘郎回家。”从此之后，翠屏每天都要上山取金泉水浇灌玫瑰，她的汗水洒遍了水山的每一块土地。

十年后的一个春天的早晨，翠屏突然发现漫山遍野的玫瑰都开出了鲜艳的花朵，刘郎终于回到了翠屏的身边。人们都说，玫瑰花是为刘郎、翠屏这对情人而开的，也是为普天下的有情之人而开的。

桃花

桃之夭夭，灼灼其华。之子于归，宜其室家。
桃之夭夭，有蕡其实。之子于归，宜其家室。
桃之夭夭，其叶蓁蓁。之子于归，宜其家人。

——《诗经·周南·桃夭》

一、物种本源

拉丁文名称，种属名

桃花，是一种常见的多年生小乔木桃［*Prunus persica*（L.）Batsch］所开花朵，落叶型。桃被归于蔷薇科李属。

形态特征

桃花是单生，其开放在长叶之前，每朵花具有5叶萼片，花瓣为单瓣或者重瓣，花色有多种，常见的有白色、红色、粉红色等，此外还有一些变种呈深红色、红白混色等。通常来说，花为短梗，开放后直径为2.5~3.5厘米。

习性，生长环境

3—4月份是桃花的花期，桃花耐旱怕涝，在阳光充足、通风良好的地方长势较好，也具有一定的耐寒性。据资料显示，桃花最早起源于我国中北部，有很长的栽培历史，后来逐步传播到西方，目前世界各地温暖地带都有广泛种植，主要繁殖方式以嫁接为主。

二、营养及成分

桃花中含有大量活性成分，如多糖类、多酚类、有机酸类、黄酮类以及皂苷类等，此外还富含花青素、葡萄糖苷等。相关研究资料表明，干制桃花中总酚含量约达8.16%，总黄酮含量约达4.29%，可溶性蛋白约达7.33%。

三、食材功能

性 味 性平，味苦。

归经 归心、肝经。

功能

（1）美肤祛斑作用。桃花的美容效果主要在于花中含有原绿酸、山柰酚、香豆素、三叶豆苷和维生素A、B、C等，其中桃花中的原绿酸作为桃花中的抗氧化物质之一，能够结合其余活性物质，有效预防皮肤干燥、缺水等问题。除此之外还能增强皮肤的抵抗力，预防各种皮肤类疾病，目前市场上很多祛斑产品都有添加桃花提取物。

（2）活血化瘀作用。桃花中的活性成分有很强的抗氧化作用，能够起到扩张血管、改善血液循环的作用，也能够增强血液中的氧气供给能力，故其能有效延缓衰老、增强身体的免疫力等。

（3）其他功效。唐朝《千金药方》：桃花三株，空腹饮用，细腰身；汉末时期《名医别录》：桃花味苦、平，主除水气、利大小便、下三虫；民国时期《岭南采药录》：带蒂入药，能凉血解毒，痘疹通用。桃花性味甘平无毒，可消食顺气，主治痰饮、积滞、小便不利、经闭。

四、烹饪与加工

桃花粥

（1）材料：新鲜桃花、粳米、红糖、蜂蜜等。

（2）做法：采摘新鲜桃花洗净，置阴凉处晾干，备用。将备好的桃花和粳米混合，加入适量水，小火煮制，亦可根据个人口味添加红糖或蜂蜜，搅拌均匀即可。

（3）功效：此饮品适用于血瘀的患者（如面色暗沉、经期血凝块、舌色发紫、大便长期干涩者），但此粥不宜长期服用，并且经期应暂停服用，若平时经期量过大不宜服用。

桃花猪蹄粥

（1）材料：桃花、猪蹄、大米等。

（2）做法：取刚采摘的桃花，放在太阳下晒制，之后碾碎。取新鲜的猪蹄洗净，水烧开后放入猪蹄，文火煮制，待煮烂后取出，再在锅里的汤中加入桃花和大米，再次小火慢熬，此时可加入适当调味料提升口味，也可根据个人需求再加入水进行调节，煮制成熟即可食用。

（3）功效：本配方具有活血润肤、益气养乳、养肌养颜、祛瘀生津等功效。

桃花茶

（1）原料处理：每年三四月份采集新鲜桃花，将其置于阴凉处晾干或采用现代食品加工技术干制，同时亦可加入干制白杨树皮、干制冬瓜仁等，按一定比例制成桃花茶包。

（2）饮用方法：饮用时加沸水冲泡即可。

（3）功效：夏季常服用，可有效改善因阳光直晒引起的皮肤变黑问题，另外对于面部色斑也有一定的淡化作用。

桃花茶

桃花酒

（1）原料处理：每年三四月份采集新鲜桃花，将其置于阴凉处晾干后，放入酒坛，加入高品质白酒，没过桃花花瓣，加盖密封，置于阴凉处约一个月。

（2）饮用方法：开罐即可饮用。

（3）功效：桃花酒适用于健康青年或中年男女（孕妇除外），长期饮用可以很好地预防衰老，使面部红润细腻有光泽。

桃花酒

桃花糕

（1）材料：桃花、牛奶、藕粉、冰糖粉等。

（2）做法：采摘新鲜桃花，洗净后盐水浸泡片刻，沥水放入容器，添加适量牛奶，混合搅拌均匀，加入适量藕粉搅拌，同时可根据个人口味放入冰糖粉。随后小火慢煮直到浓稠状态，此过程一定要不断搅拌并且保持文火以防烧煳。此步完成后可将其加入模具中，置于冰箱中冷却成型。为保证色香味俱佳，可在糕点上方点缀新鲜桃花片。

五、食用注意

（1）孕妇建议不要喝桃花茶，桃花茶属于促进血液循环的食物，孕妇吃后，血液循环加快，有可能会导致流产。

（2）肠胃不好的人也不适宜长期饮用桃花茶，桃花茶有助于排便，肠胃功能较弱的人喝了之后会加重身体的不适。

（3）经期内也不要喝桃花茶，桃花茶活血，有可能会延长经期。

桃花治咯血

传说唐代一少妇范娟梅，一次随同丈夫赴庙会，路遇扬州一霸黄宗汉，黄霸见她美貌绝伦，顿起邪念，倚势强行抢夺。少妇奔逃惊恐过度，回家后不久咯血，精神失常狂癫，家人问医求药，也不见效。次年春天，桃花盛开，丈夫陪她到附近桃园看花，她突然摘食大量花瓣，过后顽疾竟自愈。

这可从李时珍的《本草纲目》中找到答案："此亦惊怒伤肝，痰夹败血，遂致发狂。偶得桃花利痰饮，散滞血之功。"

梅花

众芳摇落独暄妍，占尽风情向小园。
疏影横斜水清浅，暗香浮动月黄昏。
霜禽欲下先偷眼，粉蝶如知合断魂。
幸有微吟可相狎，不须檀板共金樽。

——《山园小梅》（北宋）林逋

一、物种本源

拉丁文名称，种属名

梅花，是蔷薇科李属木本植物梅（*Prunus mume* Siebold & Zucc.）所开的花朵。

形态特征

梅花是单生，但有时会有两朵同时从芽尖生出，其直径通常在2.5厘米左右，香味特别浓郁，并且开花时间比叶生出时间要早；梅花的花色比较丰富，通常为白色、红色或者是粉红色，花萼一般为红褐色、绿色或者是紫色等。梅花，是中国十大名花之一，有很多变种。在中国传统文化中，梅花因在严寒中独自开放，故一直是奋发向上、品格高洁的象征。

习性，生长环境

梅花对于温度的变化非常敏感，人们可依据培育气温的差异来判断其品种的好坏，其中年平均气温在15～25℃对于梅花的培育最佳。梅花原产于中国，主要集中于长江流域以南，后被国外引种和栽培，尤其是日本等国，深受人们的喜爱。

二、营养及成分

梅花含有丰富的生物活性物质，比如挥发油、丁香酚类、黄酮类、维生素等；其中挥发油中含有芳樟醇成分。此外，还含有不饱和脂肪酸、生物碱类物质等。

三、食材功能

性 味 性平，味微酸。

归经 归肝、胃、肺经。

功能

（1）解暑生津作用。梅花，香，微苦；其具有解热、开胃、止咳的作用，入药内服可用于治疗发热、口渴、胸闷、咳嗽，外用可用于治疗热火伤、中耳炎。

（2）疏肝和胃作用。梅花香可入肝胃，可舒肝解郁、醒脾益气，治肝气、胃肋痛、腹部胀痛打嗝等，可与柴胡、佛手柑、熏香配伍。

（3）抑菌作用。梅花提取物具有抑菌效果，相关实验研究表明梅花提取物对口腔中15种细菌，包括葡萄球菌、链球菌等，均可起到较好的抑制作用。另有研究表明，梅花提取物可抑制肺结核等细菌和皮肤真菌，减少动物因蛋白过敏性休克而死亡的发生率。

（4）降低血糖的作用。梅花提取物还可降低血糖，因为梅花中含有的谷甾醇是一种具有降低血清胆固醇含量的物质，故其具有降低血糖、降血脂的作用。

（5）传统医学经典上的记载如下。据清朝赵学敏《本草纲目拾遗》记载："海澄人善蒸梅及蔷薇露，取之如烧酒法，每酒一壶滴露少许便芳香。"《饮片新参》记载：红梅花清肝解郁，治头目痛；绿萼梅平肝和胃，止脘痛、头晕，进饮食。《百草镜》记载：开胃散郁。煮粥食，助清阳之气上升。

四、烹饪与加工

梅花粥

（1）材料：梅花、粳米、白砂糖等。

（2）做法：取新鲜梅花洗净沥干，备用，将干净的粳米放入锅中，大火煮沸后文火煮制20～30分钟，随后加入备好的梅花，此时亦可根据个人口感加入白砂糖调味，继续焖煮5分钟即可食用。

（3）功效：梅花能放松肝气，刺激食欲，厌食症患者食用效果很好。

梅花粥

梅花汤圆

（1）材料：糯米、大米、梅花、糖、芝麻、猪油等。

（2）做法：将糯米与大米按照大约5：1的比例混合后浸泡在水中，细磨后制成粉状，将磨好的米粉少量多次加入水中，不断搅拌揉捏以制作成外皮。将新鲜梅花洗净晾干，切碎备用。随后将适量糖、芝麻、猪油、梅花碎混合均匀（可加入少量水）以制作成馅料，用外皮包裹馅料制作成汤圆，煮制待汤圆上浮即可食用。

梅花汤圆

梅花蛋

（1）材料：生鸡蛋、梅花碎等。

（2）做法：将生鸡蛋从上方小心敲开一个小洞，放入梅花碎密封后，在蒸锅中直立蒸熟即可食用。

（3）功效：连续吃7天梅花蛋，有消除粪便分散的作用，也有助于缓解淋巴结核的症状。

五、食用注意

（1）孕妇不适合服用梅花。

（2）患溃疡病者谨慎食用梅花。

隋炀帝与《梅图》

史载隋炀帝因沉迷酒色，患了消渴病，每天口干舌燥，日渐身瘦骨立，大量饮水也无济于事。太医官连派了数名自称为第一流的医生，结果治不好病，都被炀帝斩了。

郎中莫君锡听说他旧日好友太医张玉也将去为炀帝治病，但此人医术平平，此去必然凶多吉少。于是征得太医官同意，代张玉为炀帝治病。

莫郎中进宫后铺纸挥墨，画成“梅林”与“雪景”两幅图。他为炀帝把脉说：“陛下龙体之恙，乃真水不足，龙雷之火上越，非草木金石之品能治，需宽容十天，待我去求一仙友，取来天池之水，方灭得龙雷之火。为避风吹火动，望陛下这几天独居一室，倘感寂寞，臣有画两幅供观赏。”

炀帝点头准奏，接过图画挂在墙上，每看到“梅林”图上累累梅子，想起梅子酸甜滋味，禁不住唾液横生，口渴舌燥渐消。再看那“雪景”图上万树枝白，又觉从头到脚寒气逼人，烦欲心火又大减。

莫郎中十天后进宫，炀帝笑曰：“爱卿，这两幅图真好！朕每天观赏，病也好了一大半，如再喝下你取来的天池水，恐怕病就痊愈了。”

莫郎中指着两幅图奏道：“陛下望梅林思青梅，口中顿生唾液，其能浇灭身上龙雷之火，这就是天池水啊！又观赏雪景，身上感受寒冷，心火不再上升，病情也就自然好转。请陛下日后朝夕赏图，继续独居，静心养神，不出月余则龙体大安。”炀帝一听大喜，果然到期病愈。

原来这叫移情妙治，利用环境改变，外物刺激，使体内产生有益变化，从而达到治病疗疾的目的。

杏花

常年出入右银台，每怪春光例早回。
惭愧杏园行在景，同州园里也先开。

——《杏花》（唐）元稹

一、物种本源

拉丁文名称，种属名

杏花（*Armeniaca vulgaris*），是蔷薇科李属木本落叶大乔木杏树的花。

形态特征

杏花单生，开放在叶子长出之前，花瓣呈倒卵形，花色多为白色、粉红色，其花蕾最先开放时为红色，后逐渐变淡至粉红色，最后呈纯白色。

习性，生长环境

杏花花期在春季3—4月份。杏喜光照，根部入土很深，对环境的适应能力比较强，耐干旱、耐冬季寒冷，寿命较长，有报道称其寿命最长可达百年。据相关资料记载，杏树原产于中国新疆一带，在大约3000年前就有大量种植，后被世界各地引入，多半为栽培，收获其果实。目前，杏树在我国主要集中分布于黄河流域各省份，是我国著名的既具有较大的观赏性，同时又具有很大经济价值的植物之一。

二、营养及成分

杏花中含有丰富的花色苷、黄酮类、多糖类等活性物质，此外其花粉中还含有丰富的苦杏仁苷、各种酶类以及不饱和脂肪酸等，其中不饱和脂肪酸主要为棕榈酸、油酸以及亚油酸等人体所需的脂肪酸。

三、食材功能

性味 性温，味苦。

归经 归脾、胃经。

功能

（1）降低胆固醇作用。高胆固醇的人容易出现一些慢性疾病以及心脏方面的疾病，而杏花以及杏子中含有丰富的多酚类物质及维生素C，这两种营养物质能够起到抗氧化、降低人体内的胆固醇含量的作用，能有效降低心血管疾病发生的概率。

（2）美容养颜作用。杏花中含有抗氧化物质，能够清除体内自由基，有利于肌肤的代谢循环，让肌肤更有光泽，适合用于女性养颜美容。相关研究表明，其美容作用与其含有抑制皮肤细胞酪氨酸酶活性的有效成分有关。

（3）预防和治疗糖尿病作用。酚类物质广泛存在于杏花粉中，故杏花具有抗氧化功能，其能够有效改善血液中血糖、血脂水平，并有效清除体内代谢产生的羟基自由基、DPPH自由基、超氧自由基等有害成分，因而对于糖尿病、心血管疾病等有较好的预防作用。

（4）降血压作用。杏花花粉中含有棕榈酸、油酸以及亚油酸等不饱和脂肪酸，被人体摄入后能有效降低血脂、软化血管、降低血压、促进微循环以及预防血栓的形成。

四、烹饪与加工

杏花茶

（1）材料：杏花1克，杜仲、花茶各3克。

（2）做法：上述材料用沸水泡饮。或用杜仲的煎煮液冲泡杏花、花茶饮用。

（3）功效：祛风湿，强筋除痹。

杏花养颜茶

（1）材料：杏花、玫瑰花各3克。

（2）做法：上述材料用沸水泡饮。

（3）功效：活血补血，补益肝肾。

杏花蜜

（1）材料：杏花蜜1勺。

（2）用法：直接食用，或温水泡饮。

（3）功效：清热，祛火，解毒，润燥，通便。

杏花蜜

五、食用注意

杏花功效与作用多，营养丰富，深受大家喜爱，但入食亦要注意适量。

杏花与杏花酒

杏花村很早以前叫杏花坞。每年初春，村里村外到处开着一树又一树的杏花，远远望去像天上的红云飘落人间，甚是好看。

杏花坞有个叫石狄的后生，他膀阔腰圆，臂力过人，常年以打猎为生。初夏的一个傍晚，射猎归来的石狄走过杏林，忽听得一丝低微的抽泣声。他寻声过去，发现一女子依树而泣，很是悲切。心地善良的猎人忙问情由，姑娘含泪诉说家世。才知是因家遭灾，父母遇难，孤身投亲，谁知，亲戚也亡，无处安身。石狄看着姑娘那张杏花带雨般的清纯面容，顿生怜悯之心，领其回村安置邻家。数日后，经乡亲说合，俩人结为夫妻。婚后，你恩我爱，夫唱妻随，日子过得很甜美。

农谚道："麦黄一时，杏黄一宿。"正当满树青杏透出玉黄色，即将成熟时，忽然连下了十几天的雨。雨过天晴，毒花花的日头晒得黄杏都落在地上，没出一天工夫，满筐的黄杏发热发酵，眼看就要烂掉。乡亲们脸上布满了愁云。

夜幕降临，忽然有一股异香在村中幽幽飘荡。既非花香，又不似果香。石狄闻着异香推开家门。只见媳妇笑嘻嘻地舀了一碗水送到丈夫跟前，石狄正饥渴之际，猛喝一口，顿觉一股甘美的汁液直透心脾。媳妇说："这叫酒，不是水；是用发酵的杏子酿出来的，快请乡亲们尝尝。"

众人一尝，都连声叫好，纷纷打听做法，争相仿效。从此，杏花坞有了酒坊，清香甘醇的杏花美酒远近闻名。

原来姑娘是王母娘娘瑶池的杏花仙子下落凡间。今见乡亲们遇到困难，故用发酵的杏子酿出美酒，解了众人之急。

美酒香飘天庭，使王母馋涎欲滴。急命雷公电母寻迹捉拿杏花仙子，为上界神仙们酿酒。

一个盛夏的午后，王母亲自捉拿杏花仙子来了，她站在云端厉喝：“大胆杏花仙子，竟敢冒犯天规，偷下凡尘，罪在不赦！念你此番在人间酿酒辛苦，快将美酒带回天庭，如若不然，化尔为云，身心俱亡。”

杏花仙子听罢，不但不害怕，反而据理力争，王母娘娘恼羞成怒，一声炸雷闪电劈下，杏花仙子不见身影。

从此，杏花坞一辈辈流传着杏花仙子酿酒的传说。每年到杏花开放时节，村里总要下一场潇潇春雨，据说，那是仙女们在天上思念亲人的泪水。

樱花

浅浅花开料峭风，苦无妖色画难工。
十分不肯精神露，留与他时着子红。

——《樱桃花》（宋）方回

一、物种本源

拉丁文名称，种属名

樱花（*Prunus* subg. *Cerasus* sp.），是一种常见多年生落叶乔木所开的花朵，它被归为蔷薇科李属；主要别名有朱樱花、朱果花、荆桃花、含桃花、樱朱花、莺桃花等。

形态特征

樱花为伞状花序，花茎在3厘米左右，其花期通常在3月份，在叶长出之前开放。花色多为白色或粉红色，亦有变种呈绿色，观赏性极高。

习性，生长环境

樱花喜欢阳光充足、温暖湿润之地，抗寒能力较强，对土壤品质要求不高，但不耐盐碱土，不耐积水。据资料记载，樱花原产于我国喜马拉雅山区域，后逐渐被世界各地引入栽培，其中以日本最为出名，樱花被日本誉为“国花”。在我国以武汉樱花最受喜爱，每年吸引大量游客。

二、营养及成分

据测定，新鲜樱花约含水分80%，碳水化合物7.00%，蛋白质0.40%，脂肪0.30%，膳食纤维10.20%，另外其富含钾、钙、镁、铁、锌等各种矿物质，含有丰富的天然维生素A、B、E，还含有樱花素、少量的芫花素和甾体化合物。

三、食材功能

性 味 性平，味辛。

归 经 归肺经。

功能

（1）抗氧化作用。樱花中富含水溶性多糖成分、樱花素、黄酮类成分，具有较强的还原力，体外实验证明樱花水提取物能够有效清除羟基自由基、DPPH自由基以及超氧自由基等常见自由基。

（2）美容护肤作用。樱花中含有的生物活性成分，能够起到维护面部水油平衡、收敛毛孔、抗氧化等作用，从而细腻皮肤、淡化面部斑点，可作为护肤品重要精华来源。为扩大樱花的适用范围以及更好地发挥其功效，提高市场核心竞争力，通常对樱花提取物进行精制，有专家曾运用三高新鲜提取技术从樱花中提炼樱花粉嫩油，其中的樱花酵素的成分可用于祛痘。很多化妆品以及食品中都添加樱花或其提取物，目前樱花是很多保健品开发者或专家的开发重点，如有研究者研制出一种添加樱花的甜味酱的制备方法，表示其能够有效改善皮肤状态，具有美容养颜的功效。

四、烹饪与加工

樱花茶

（1）材料：鲜樱花适量。

（2）做法：开水冲泡鲜樱花，热饮。

（3）功效：清心明目。

樱花茶

樱花糕

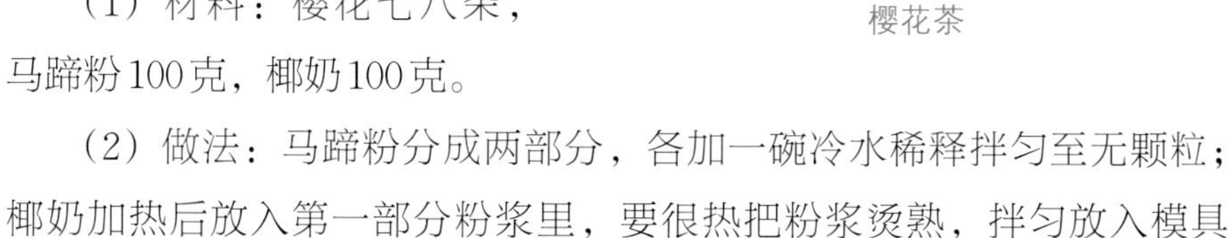

（1）材料：樱花七八朵，马蹄粉100克，椰奶100克。

（2）做法：马蹄粉分成两部分，各加一碗冷水稀释拌匀至无颗粒；椰奶加热后放入第一部分粉浆里，要很热把粉浆烫熟，拌匀放入模具碗，放入冰箱10分钟；樱花泡开去盐多换几次水至没有盐味，加入开水拌匀至糊状，倒入从冰箱里拿出来的第一层上；放冰箱成型后取出切块即可。

樱花糕

五、食用注意

（1）热性病者不宜食。

（2）虚热喘咳者忌食。

（3）糖尿病患者慎食。

（4）对樱花粉过敏者尤其要留意。另外，并不是所有的樱花品种都可以食用，一般食用较多的是八重樱、关山樱等，食用时需进行辨别。

樱花的爱情

樱花静静地绽放了数月，每天都看到很多情侣在樱花树下聊天，樱花的花瓣渐渐地飘落下来，美极了。所以，樱花就成为爱情的象征。

每个人都希望自己得到美满的爱情，樱花仙子也一样，她看到别人是那么的幸福，自己也想得到这样的幸福，就独自离开了樱花树。

樱花的花瓣仍然在飘落，樱花仙子在人群中，寻找着自己的另一半。她找了好久好久，当她想放弃而回到樱花树上时，他出现了。他为她带来快乐，照顾她，他们一起聊天到深夜。后来得知他来自遥远的国家，因船迷失了方向而来到了这里。樱花仙子听了，知道他一定会走的，一定会回到自己的国家。樱花仙子为了珍惜这段时光，她每天都和他相约在樱花树下。

好时光总是短暂的，他要离开了，来和樱花仙子道别。樱花仙子虽然早有准备，可还是禁不起这个打击。她背对着他，只说了一个字“哦”。他走了，从茫茫的海上，走了。

樱花仙子一个人在樱花树下哭泣着，微风吹过，花瓣飘落下来，仙子的心碎了，她哭了几天几夜，最终决定，回到樱花树上。她看着樱花树，想到：我是仙子，是樱花树上的一片花瓣，只能看着别人有情人终成眷属，自己是不会得到幸福的。就这样，她消失了，有人说，她回到了树上，有人说，她因为过度的忧伤，而化为花瓣，随着风一起去寻找他了。

几年后，他回来了，来到当初约定的地方，寻找着她，可一直都没有找到，他失落了。他回来是为了告诉她，他已经爱上了她。当他听到村里人的传说时，他知道一切都晚了，他在樱花树下发誓，希望有情人能终成眷属，不要再有谁像自己一样错过了。这次，他再也没离开樱花城，他还在不断地寻找着她的身影。

几百年过去了，樱花仍然在绽放，许多情侣为了这个传说而来到樱花树下祈祷获得幸福。不知道是命运的安排，还是樱花仙子转世投胎成了世人，她来到樱花树下，总觉得这里似曾相识。风突然刮了起来，花瓣瞬间吹过，她的帽子被吹走了，被一名男子接到了，是他，他也来了，这一次，他们一定不会再错过了。

紫薇花

紫薇花对紫微翁，名目虽同貌不同。
独占芳菲当夏景，不将颜色托春风。
浔阳官舍双高树，兴善僧庭一大丛。
何似苏州安置处，花堂栏下月明中。

——《紫薇花》（唐）白居易

一、物种本源

拉丁文名称，种属名

紫薇花，是一种常见的落叶灌木和乔木紫薇（*Lagerstroemia indica* L.）所开的花朵。紫薇被归属于千屈菜科紫薇属植物，又被称作痒痒花和蚊子花。

形态特征

通常来讲，紫薇花的花序为圆锥花序，总高为7~20厘米，花瓣有多种颜色，通常以粉色和紫色为主。

习性，生长环境

花期较长，通常在9—12月份，在阳光不强烈、通风良好、土壤肥沃处长势较好。据相关资料记载，紫薇花在我国有很长的种植历史，目前在安徽、河北、河南等省均有种植。紫薇花对环境的适应性很强，世界很多国家和地区也有引入培育种植。

二、营养及成分

紫薇花中除含有丰富的功能性成分外，还含有较多的生物活性物质，例如紫薇碱、印车前明碱等，这些活性成分能够有效提高人体免疫力，对人体健康有重要作用。

三、食材功能

性味 性寒，味微酸。

归经 归肝经。

功能

（1）清热解毒。紫薇花提取物可以利湿祛风、散瘀止血；目前观察到其在一些中毒迹象中都有明显的治疗恢复效果，紫薇花也被应用于咽喉肿痛以及跌打损伤等方面的治疗。

（2）防止真菌感染。紫薇花中含有的德洒明碱有抗真菌作用，相关体外抑菌实验表明德洒明碱达到一定剂量可以有效抑制白色念珠菌和白喉杆菌的生长。此外在联合用药方面，当白喉患者也有真菌感染的症状时，可以结合紫薇花中的德洒明碱与红霉素进行药物合用，实验表明，这种药物合用能够明显增强德洒明碱的抗菌作用。

四、烹饪与加工

紫薇花蛋汤

（1）材料：新鲜紫薇花、鸡蛋、食盐等。

（2）做法：将新鲜紫薇花5~6朵清洗去杂备用，将鸡蛋打散在碗中，待水烧开后，先将鸡蛋打散在锅中，再加入紫薇花，可以根据个人口味加入食盐等调味料，营养丰富。

（3）功效：清热祛风，消炎散瘀，对调养身体很有益处。

紫薇花蛋汤

紫薇花牡蛎火腿汤

（1）材料：紫薇花4朵，牡蛎净肉500克，火腿5克，水发冬菇10克，玉兰片10克，胡椒粉、食盐、料酒、酱油、味精、鸡汤、姜片各适量。

（2）做法：紫薇花去萼及杂质，洗净，切成细丝；牡蛎肉拣洗干净，沥干水分切碎；火腿、玉兰、冬菇分别洗净切成片。将牡蛎、冬菇、玉兰片各用开水焯一下。锅烧热，放入鸡汤、料酒、酱油、姜片、食盐，大火煮沸，下入火腿、冬菇、玉兰片、牡蛎烧沸，加入味精、紫薇花细丝，调好口味，撒上胡椒粉即成，此汤味鲜花嫩香。

（3）功效：具有滋阴、养血止血、健脾开胃、解毒之功效，适用于虚损、烦热、产后血崩、带下、疮毒、失眠、心悸、健忘等症。

紫薇花茶

（1）材料：紫薇花3克。

（2）做法：沸水冲泡10分钟即可饮用。

（3）功效：清热解毒，凉血止血，适用于小儿惊风。

五、食用注意

孕妇忌食紫薇花。

沉迷的爱

在很久很久以前的天宫中，住着一位俊美的王子，天庭所有的仙女都倾心于他，也包括了平凡的紫薇仙子。可是她的爱是那种沉默的爱，没有像其他仙女那样整天围绕着王子团团转。终于有一次，王子路过了紫薇仙子的紫薇园……紫薇仙子很开心，脸上堆满了笑容，可是她却紧张得不知该说什么好，看着王子远走的背影，紫薇仙子很失落，突然又看见牡丹仙子出现在王子的身边，原来王子和牡丹早已互相倾慕，约好来这里相会。

看着美丽的牡丹，紫薇心里既有欢喜，又有苦涩和无奈，因为紫薇仙子只要看见王子是幸福的，就感到开心，但王子的这份幸福与自己无关，所以感到苦涩和无奈。

虽然，紫薇仙子对王子的这份爱得不到什么回报，可紫薇仙子仍然在天宫和人间默默地付出着她的爱……所以，紫薇花的花语是——沉迷的爱情！传说如果你家周围开满了紫薇花，那么紫薇仙子将会眷顾你，给你带来一生一世的幸福。

栀子花

栀子比众木，人间诚未多。
于身色有用，与道气伤和。
红取风霜实，青看雨露柯。
无情移得汝，贵在映江波。

——《江头四咏·栀子》
（唐）杜甫

一、物种本源

拉丁文名称，种属名

栀子花，是一种常见的多年生常绿灌木栀子（*Gardenia jasminoides* J. Ellis）所开的花朵。栀子被归于茜草科栀子属；主要别名有栀子、黄栀子等。

形态特征

栀子花的植株枝叶繁茂，叶常绿，花朵芳香，是重要的园林观赏植物；主要品种有大叶栀子、狭叶栀子、水栀子、黄栀子、斑叶栀子和小叶栀子等；一般单花生在树枝顶端，花冠呈白色或乳黄色，高脚碟形，喉部具稀疏柔毛，通常呈六瓣，有重瓣。

习性，生长环境

栀子花的花期较长，通常由5月份持续到8月份；喜温亦较耐寒，喜光亦耐半阴，喜湿润怕积水，叶易黄化，在肥沃、松散和酸性的沙质壤土中长势较好。据资料记载，栀子花原产于中国，在国内很多地区都有栽培，如福建、湖北、湖南、贵州、浙江、江西、江苏、安徽、河南、四川、陕西等。

二、营养及成分

栀子花含有丰富的功能性成分，如蛋白质、碳水化合物、粗纤维、挥发油（乙酸苄酯、乙酸芳樟酯），另含木蜜醇、色素苷、果胶、鞣质、黄酮类栀子素、藏红花素等，药食两用。

三、食材功能

性味 性寒，味苦。

归经 归肺、肝经。

功能

（1）对心血管系统的作用。栀子花提取物对心血管功能具有一定的影响，有研究人员进行实验时发现，无论是口服、腹腔注射还是静脉注射，栀子花水提取物或醇提取物对实验动物（犬、猫、兔和大鼠）无论是麻醉状态下还是不麻醉状态下，均有持久性降压作用。实验结果表明：栀子花水煎剂和醇提取物无论以何种方式给药都能降低血压，静脉给药能迅速降低血压并维持较短时间。

（2）抗病原微生物作用。栀子花提取物具有一定的抗病原微生物功能，对部分细菌（如脑膜炎双球菌、金黄色葡萄球菌）、真菌以及寄生虫均有很好的抑制效果。此外，栀子花醇提取物、水提取物以及乙酸乙酯提取物对软组织损伤有一定的抗炎和治疗作用，提取物可用于软膏制作，能加速软组织愈合。

（3）镇静作用。栀子花浸膏还具有镇静作用，在实验动物体内静脉注射一定剂量的浸提物，发现其能够减少实验动物的自发活动，如闭目、低头等。此外还观察到其能够对抗戊四氮引起的惊厥，以及虽不能对抗马钱子碱引起的惊厥但能明显降低其致死率，由此说明，将栀子花浸提物入药，可有效安神养气，减少失眠和缓解疲劳。

（4）美容护肤作用。从栀子花中提取出的花膏或花油，目前已经被广泛应用于食品香料和化妆品香料中，可用于制作各种花香型香水、香皂和化妆品香精。此外，通过减压分馏方法可以有效分离出栀子花油中的乙酸芳樟脑酯及乙酸苄酯，可用作化妆品的主要香味剂或协调剂，另外若进行纯化，也可用于口香糖等食品中。

（5）其他功效。《本草纲目》称，栀子花“悦颜色，《千金翼》面膏用之”。《滇南本草》称其“泻肺火，止肺热咳嗽，止鼻衄血，消痰”。《神农本草经》称其“泻肺火，止肺热，咳嗽，止血衄，消痰”。

四、烹饪与加工

凉拌栀子花

（1）材料：新鲜栀子花、葱、姜、香油、醋、生抽、盐、鸡精等。

（2）做法：取适量新鲜栀子花，去杂洗净备用；大火将水烧开，将栀子花加入其中再次煮沸后，捞出沥干，冷却；用筷子将其松开，放入白瓷盘中，撒上葱、姜，加入适量香油、醋、生抽、盐和鸡精，搅拌均匀。

（3）功效：此菜鲜嫩清香，并且具有解毒止痢、清热凉血之功效，适用于咳嗽、肺热、痈肿等疾病。

栀子蛋花

栀子蛋花

（1）材料：新鲜栀子花、鸡蛋、食盐及调味料。

（2）做法：取新鲜栀子花，去杂洗净，放入沸水稍焯，冷却切碎备用；将栀子花与鸡蛋搅拌均匀，加入适量食盐以及调味料，倒入热油锅中炒制金黄即可。

栀子花炒韭菜

栀子花炒韭菜

（1）材料：新鲜栀子花、韭菜、辣椒、蒜末等。

（2）做法：取新鲜栀子花，去掉花蕊洗净，开水热烫，捞出沥干备用，将韭菜切成小段，再将二者一同加入热油锅中炒制成熟即可，亦可根据个人口味加入辣椒、蒜末等配料。

（3）功效：韭菜补肾，栀子利尿。

栀子花炒小竹笋

（1）材料：新鲜栀子花、竹笋、腊肉、葱花、姜丝等。

（2）做法：将栀子花去梗取蕊洗净备用，竹笋切片，腊肉切丁；先将腊肉与竹笋置于热油锅中炒制，加入调味料，待腊肉将熟时，放入栀子花，稍微翻炒即可。

（3）功效：此菜品口感清淡、鲜香，香味诱人，同时又具有增强胃动力、促进肠道蠕动功效。

五、食用注意

栀子花性寒，凡脾胃虚寒、久泻者慎食。

栀子花名字的由来

从前，有一个美丽的姑娘与多病的母亲相依为命，母女俩就靠为别人绣点东西，苦度光阴。

有一天，姑娘正在绣东西，忽然有人敲门讨水喝，原来是路过的主仆二人，姑娘便从水缸里舀了碗水，侧着身子从门缝里递给了门外的人。

“多漂亮的女子啊！”公子站在柴门外偷眼向里一瞅，一位肩削腰细的女子背对而立，简直是窈窕之至。

公子回到家中后，满脑子都是姑娘的倩影，从此夜难成寐，心神不宁，卧病在床。这下可把父母给急坏了，还是母亲心细，找来小书童一问缘由。得知原因的母亲马上就告诉儿子可以满足他任何愿望，听母亲如此一说，公子的病好了一大半，马上派人到姑娘家提亲。

孰知姑娘也是个有心之人，那天隔着门缝看见了公子，芳心大动，只是身为女儿家，而且男女授受不亲，不便多问罢了。

姑娘让母亲答应了这门亲事，只是提出了一个条件，需要公子金榜题名后，方可完婚。

公子原本就准备考取功名后再成家，既然姑娘也是如此想法，公子便更加用功了。

一晃考期到了，公子的父母便让书童陪公子进京应试。临走的前夜，公子偷偷地去和姑娘见了一面。两人原本就是一见钟情，再见更是如胶似漆，遂许下来生来世都为夫妻的誓言，匆匆而别。

在进京的路上，公子水土不服病了。书童在银两全部用光的情况下，把公子托给了客栈店主，自己赶回家取钱。

紧赶慢赶，等书童赶回来后发现，公子已经不在客栈了。旁边的人说他被店主赶走后，一不小心掉到河里淹死了，头被河水泡得有笆斗那么大，幸亏有人捐了副棺木，现今棺材停在城西的庙里，书童只好把棺木运回老家。

姑娘听到这个噩耗后，茶不思饭不想，郁闷寡欢，一病不起，一个月后不治而亡。

一晃好多天过去了。公子家门前忽然来了好多人，“老爷大喜了，你家公子考中状元回来了”！

当公子身着官服站在他们面前的时候，他们才知道他们的儿子并没有死。原来，公子确实是被客栈的店家赶出了门，在饿得实在无奈之下，用自己的衣服和别人换了吃的，后来多亏好心人搭救，这才得以金榜题名，荣耀回乡。

公子问起了姑娘，才知道姑娘已相思而死，禁不住泪流满面，马上赶到姑娘的坟前。往事历历，如在眼前，公子想起临别誓言，痛不欲生，他不吃不喝地在姑娘的坟前待了三天三夜，第四天便随姑娘而去。

人们打开了姑娘的坟墓，把他们合葬在一起。第二天坟上就长出来一棵小树，上面开满了雪白雪白的花，散发出醉人的清香，人们便各取了姑娘和公子的名字中的一字，给花取了个名字叫“栀子”。

山茶花

青女行霜下晓空，山茶独殿众花丛。
不知户外千林缟，且看盆中一本红。
性晚每经寒始拆，色深却爱日微烘。
人言此树尤难养，暮溉晨浇自课僮。

——《山茶》（南宋）刘克庄

一、物种本源

拉丁文名称，种属名

茶花（*Camellia* sp.），它被归于山茶科山茶属，通常又被称为山茶花。

形态特征

山茶花是顶生，每朵花都有绢毛包裹，花瓣的形状也十分特别，是单瓣或者重瓣的碗形结构，重瓣山茶花的花瓣最多可达60片。山茶花花色多样，常见有淡红色、红色、紫色、白色和黄色等，除此之外也有彩色的山茶花。通常来说，山茶花的每一个花柱长约2.5厘米，所有的花枝最高可到4.0米。

习性，生长环境

山茶花的观赏花期比较长，在10月份到次年的5月份都可被人们观赏，其中1—3月份是山茶花的最佳观赏时期。山茶花在阳光充足、温度适宜、通风良好的地方可较好地生存，多数品种可耐低温，但温度过高时（一般30℃以上），其生长会受到限制，甚至会出现“灼叶”现象。据调查，山茶花在中国境内已经有上千年的栽培历史，在中国中部及南方城市，山茶花的长势都比较好，北方温度较低，多为盆栽观赏。

二、营养及成分

山茶花中含有很多功能性成分，如黄酮类化合物、多酚类化合物、皂苷类、维生素类、氨基酸类以及丹宁酸等，具有抑菌、抗氧化、抑制血栓形成、抗骨质疏松等功效。

山茶花

三、食材功能

性味 性凉，味甘而微辛。

归经 入肝、肺经。

功能

（1）收敛止血功效。山茶花含有花白苷等活性功能成分，主要用于各种出血症状，如鼻血、胃血等以及各种烧伤症状，有抑制、治疗作用，目前已经有相关健康饮食专家或科学工作者利用山茶花制作各种食疗方以及相关药膏，以最大限度地开发山茶花的价值，让山茶花的应用为人体健康带来福音。

（2）抗菌消炎作用。山茶花含有原儿茶酸，具有消炎、抗菌、止咳的作用。此外，山茶花提取物常用于日用品中，如有研究将山茶花提取物添加到化妆品中，做成面部山茶花皂，实验证明此种山茶花皂能起到消除痘痘、炎症的作用；也有研究将提取物添加到牙膏、漱口水等口腔类产品中，实验证明此类产品可以有效缓解牙龈炎症、口臭等。

（3）止泻作用。山茶花中含有没食子酸成分，这是山茶花能够起到止泻、治疗菌痢作用的主要原因。

（4）抗氧化作用。目前有科学研究者对山茶花株中的多酚类物质进行提取、纯化后，进行体外抗氧化实验，结果表明，其对超氧自由基、羟基自由基、DPPH自由基的清除效果较好。这进一步证明山茶花具有抗氧化功能。

（5）治疗咳嗽、吐血等症。王玷桂《不药良方》载：一宝珠山茶，瓦上焙黑色，调红砂糖，日服不拘多少；或宝珠山茶十朵，红花五钱，白及一两，红枣四两，水煎一碗服之，渣再服，红枣不拘时亦取食之。

四、烹饪与加工

山茶花糯米粥

（1）材料：大米（糯米）、山茶花等。

（2）做法：将大米（糯米）淘洗干净后取出沥水以备用。生锅点火，在锅中加入适当清水，随后加入大米（糯米），煮开后撇去泡沫，然后转为低火慢慢熬制，待粥即将煮好时，加入山茶花，可根据个人口味添加白砂糖或蜂蜜以增加口感。

山茶黄酒饮

（1）材料：新鲜山茶花10克，黄酒约100毫升。

（2）做法：取新鲜山茶花10克洗净切丝，备用。取黄酒约100毫升，煮沸后将备好的山茶花丝加入，继续煮制2分钟即可饮用。

（3）用法与功效：每天1剂，连续饮用一个疗程（一星期）可有效缓解挫伤、肿胀等症状。

五、食用注意

（1）阴虚火旺者禁用。

（2）女性月经期间禁用。

山茶花姑娘

相传，有一个名字叫达布的妇女，她很勤劳、善良，但是一直孤独一人，早出晚归地劳动，有吃有穿，生活过得很舒心。她喜爱花草，院内院外，种了不少花草。一有空，她就给花草浇水、锄草、捉虫。达布的房前屋后，各种花都有，但是没有一种是她特别喜欢的。她总想找一株她最喜爱的花，栽在她的院心里。可她四处寻找，山山岭岭都看过了，仍然没有找到。

一天，达布到魁阁龙潭，去背水浇花。走到龙潭边，见一株九蕊十八瓣的花，映在水面上，色彩极为鲜艳。她抬头看四周，可并没有发现一株映在水面上的那种花，就灌满了水，背着回家了。出门想起那株花，进门又想起那株花，睁眼想起那株花，闭眼也想起那株花！想呀想的，不几天，就生了病，吃不下喝不下，整天躺在床上。她生了什么病？自己也不知道。很多医生来给她治病，都没有把她的病治好。她的病呀，一天比一天重啦！不知病了几天，达布快要死了。危急时，一个美丽的姑娘，来到达布床边，甜蜜蜜地叫她一声阿妈，说来给她治病。达布睁眼一看，见姑娘头上插着的花、胸前挂着花和她在水面上见到的那种一模一样，不吃一丸药，病就好啦！达布倏地翻起身，咚地跳下床，一眼都不眨，望着姑娘。姑娘带笑的脸，如同她见到的那种花一般。

达布问姑娘戴的是什么花，她说是山茶花。达布又问她有没有花秧，她就送了达布一株。

姑娘走后，达布拿着锄头，就将山茶花种在院心里，达布天天给茶花浇水，月月给茶花施肥，季季给茶花锄草，像抚养奶娃那般细心、周到。不几年，茶花树就长大了，开花了。那株茶树，树姿遒劲优美，绿叶四季不凋；那一朵一朵的花，大如牡丹，灿如云霞，风姿绰约，耀眼生辉！更为奇怪的是，每当那株茶花盛开时节，周围村寨的人，用金盆打水，能看见茶花的倒影；去龙潭边背水，也能在水面看见茶花的倩影。

不知过了多少年，达布死了。传说，送茶花给达布的那个姑娘，是天上的茶花仙女！为了纪念茶花仙女，也为了纪念达布，人们就在种茶花的地方，盖了一座庙，取名叫茶花庙。清末年间，茶花庙毁坏了，但关于茶花的传说，至今仍然传颂着！

芍药花

浩态狂香昔未逢，红灯烁烁绿盘笼。
觉来独对情惊恐，身在仙宫第几重。

——《芍药》（唐）韩愈

一、物种本源

拉丁文名称，种属名

芍药花，是一种常见的多年生草本植物芍药（*Paeonia lactiflora* Pall.）所开的花朵。芍药被归于芍药科芍药属；主要别名有别离草、婪尾春、黑牵夷以及没骨花等。

形态特征

芍药花一般单生于茎顶端，每朵花具有披针形的4~5叶苞片，类似于圆形的4叶萼片，花瓣呈倒卵形且数量较多，花的颜色各异，如粉色、黄色、白色、红色以及复合色等；花总体宽度为1.5~4.5厘米，长度为3.5~6.0厘米，花丝长度为0.7~1.2厘米。

习性，生长环境

芍药花喜欢阳光，耐干旱，光照与温度皆可影响其休眠期，只有足够长的日照时间其花芽才能开花，通常5—6月份是芍药花的花期。在中国，芍药的种植分布于东北和华北等地区，种植十分广泛，国外如日本、西伯利亚等国家和地区也有种植，其因色彩绚丽而深受爱花人士的喜爱。

二、营养及成分

芍药花的化学成分主要有芍药苷、酯类、糖苷类、酚类、天然红色素、黄酮类、丹宁酸、芳香酸和糖类等。

三、食材功能

性味 性微寒，味苦。

归经 归肝经。

功能

（1）抗氧化作用。有研究者实验发现，芍药中含有的多酚类等活性物质，在体外具有较强的清除自由基能力、抗氧化能力，如有研究者发现总芍药苷可以有效降低机体内脂质过氧化物酶的活性水平。此外，还有研究者将芍药花多酚提取物按不同剂量添加到鸡的饲料中，饲养实验证明，中高剂量实验组动物下蛋率显著高于对照组，并且血液谷胱甘肽过氧化物酶与超氧化歧化酶的活性均高于对照组，这说明其体内抗氧化能力较强。

（2）抗炎作用。相关科学研究表明芍药苷可以下调 ERK、JNK 和 MAPK p38 信号通路中相关蛋白的表达，降低黏膜 TLR4 的表达，这说明芍药能通过降低 TLR4，抑制 NF-κB 和 MAPK 信号通路的激活，从而治疗硫酸钠所致的结肠炎。此外，相关临床试验表明，白芍总苷与二甲氧基联用可降低肝毒性，可作为类风湿关节炎的治疗添加剂。

（3）抗菌、抗病毒作用。相关科学实验证明芍药花提取物具有较好的抗菌作用，能够在多领域应用，如从芍药根中提取的芍药苷、四氯葡萄糖、苯甲酸以及没食子酸甲酯能够抑制耐药幽门螺杆菌、念珠菌的生长，杀菌作用较好；芍药提取物不但对细菌有抑制作用，其对真菌抑制作用也较强。在人喉部表皮样癌细胞系 Hep-2 和肺癌细胞系 A549 中，芍药水提取物能有效抑制人呼吸道合胞病毒（HRSV）诱导的牙菌斑形成，另外接种前用白芍水提取物预处理可抑制 HRSV 的浓度依赖性和时间依赖性。

（4）改善心肌功能障碍。芍药苷对异丙肾上腺素诱导的大鼠心肌缺血和急性心肌梗死具有一定的保护作用。相关研究人员利用 H9C2 心肌细胞损伤模型进行实验，以不同剂量的芍药苷处理心肌细胞，结果发现实验组细胞中超氧化物歧化酶（SOD），含量高于模型组，并且丙二醛含量明显低于模型组，这说明，芍药苷可通过抗氧化防御系统改善心肌功能障碍。

芍药甘草汤

（1）材料：芍药、甘草等。

（2）做法：芍药甘草汤剂最早记载于汉代张仲景的《伤寒论》。用芍药和甘草等比例混合熬制汤药。

（3）功效：可以有效地缓解炎症、减轻疼痛，此外遵医长期服用还可用于调理妇人痛经等症状。

芍药花粥

（1）材料：新鲜芍药花、粳米、蜂蜜、白糖等。

（2）做法：将新鲜芍药花洗净沥干备用，锅中加入适量粳米与白开水煮沸后小火熬制成粥，即将成熟时揭盖加入备好的芍药花瓣，同时可根据个人口味加入蜂蜜或白糖调味，焖盖5分钟即可食用。

（3）功效：芍药花粥的主要功效是活血化瘀，对女性来说是很好的滋补品。

炒白芍

（1）材料：新鲜白芍。

（2）做法：采摘新鲜白芍洗净去杂质，沥干水分，开火将锅烧干，加入少许植物油，倒入白芍花瓣小火翻炒，同时可加入适量调味料，适当加入水以防粘锅，待花瓣软化出香即可盛出食用。

芍药花茶

（1）材料：芍药花干花10克。

（2）做法：取芍药花干花，加开水冲泡。配以适量枸杞、绿茶等混合泡制饮用口感更佳。

（3）功效：具有养血柔肝的功效，适用于糖尿病患者的头晕目眩、心悸、烦躁、不寐等症状。

芍药花茶

五、食用注意

（1）血虚无瘀之证谨慎服用，痈疽已溃者谨慎服用。

（2）小儿出麻疹期间忌食。

华佗与芍药花

东汉神医华佗为了方便研究中草药，在家门前建了一座药园。他种植草药并开了一家药房来诊治病人。

一天，一位陌生人送他一株芍药，他把它种在房子前面，仔细研究了芍药的叶、茎、花后，华佗觉得其并没有什么药用价值。

一天夜里，华佗在灯下看书。突然，一个女子的哭声从房间外传来。他向窗外望去，看见一位美丽的女子在昏暗的月光下，掩面哭泣。华佗很不解，当华佗走出屋外却没看见那个人，只发现那个女人站的地方是一朵芍药。华佗大吃一惊，刚才那个女人是这朵芍药吗？他看了看芍药花，摇了摇头，自言自语道："你样貌平平，没有什么特别的功效，怎么能当药用呢？"说完回到家里继续看书。

谁知道刚坐下，又听到哭哭啼啼的声音，华佗再次出门查看时，发现还是那株芍药。反反复复，皆是如此。

华佗觉得很奇怪，于是他叫醒了熟睡的妻子，告诉她刚刚发生的事。妻子说："花园里的每一棵植物都成了你手中的良药，被你用来拯救病人，只有这芍药是唯一被遗漏的。我想是你不知道它的用途，它感觉很委屈了吧。"

华佗听了，说："我尝过各种草药，药性没有我不知道的。生什么病用什么药，我从来没有出错过，我尝过很多次这芍药，确实没有什么药性，怎么能说我委屈了它呢？"

几天后，华佗夫人因失血过多而腹痛。吃了很多药都不见好，就瞒着丈夫偷偷地挖芍药的根烧水喝。不过半天，肚子就不痛了，她又坚持喝了两天，病竟然好了。当她把这件事情告诉丈夫时，华佗才意识到自己忘了研究芍药的根，确实冤枉了芍药。

随后，华佗对芍药的肉质块根（白芍）进行了详细的试验，发现其生品有利于平肝，麸制有利于养血、养阴，酒制有利于活血，碳制有利于止血。

鸡冠花

秋光及物眼犹迷，著叶婆娑拎碧鸡。
精采十分佯欲动，五列只欠一声啼。

——《鸡冠花》（北宋）赵企

一、物种本源

拉丁文名称，种属名

鸡冠花（*Celosia cristata* L.），一种常见的一年生直立草本植物，因花形状如“鸡冠”而得名，它被归于苋科青葙属，通常又被称为小头梳、凤尾鸡冠以及凤尾梳等。

形态特征

鸡冠花品种较多，株型高低也不一样，一般被分为野生型、半野生型及园艺栽培型三类。这种花是顶生，颜色鲜艳且有多种，常见的有紫红色、红色、玫红色、白色等。通常来说鸡冠花是倒卵形的，形状不规则。

习性，生长环境

鸡冠花通常5月份开花，在阳光充足、温暖干燥的地方长势较好，对土壤的酸碱性要求不高，常作为观赏性植物广泛分布在各地。调查资料显示，鸡冠花原产地在热带地区，如美洲热带、南亚地区以及非洲地区，目前我国各地都有广泛种植。

二、营养及成分

鸡冠花中含有较多可溶性膳食纤维、天然红色素以及黄酮类、多酚类、糖苷类物质等。

三、食材功能

性味 性凉，味甘、涩。

归经 归肝、大肠经。

功能

（1）止血作用。科学研究表明，鸡冠花具有较好的止血作用，如有科研工作者用乙酸乙酯、二氯甲烷、石油醚、正丁醇以及水对其进行萃取，进行凝血实验测定后发现其均有一定的凝血效果，且不同溶剂提取物止血效果有显著差别。再如有研究通过家兔实验来研究鸡冠花提取物的止血作用及机制，结果表明，实验组家兔的凝血时间比对照组时间短，且具有显著差异，初步探究其机制可能与实验组家兔血液中维生素以及钙离子的含量明显较高有关，由此说明鸡冠花的止血作用较好。

（2）抗衰老作用。鸡冠花中富含抗氧化成分，有研究者利用D–半乳糖诱导小鼠衰老模型，加入不同剂量有明显区别的鸡冠花提取物，每天测定相关的抗氧化酶以判断鸡冠花对衰老的影响，最后实验结果表明，不同剂量的鸡冠花均能拮抗D–半乳糖诱导的衰老，并且存在一定的剂量效应关系。

（3）凉血、止血、抗炎、收敛、止痢等作用。《滇南本草》：止肠风下血，妇人崩中带下，赤痢；《本草纲目》：治痔漏下血，赤白下痢，崩中赤白带下，分赤白用；《玉楸药解》：清风退热，止衄敛营。鸡冠花止九窍失血，吐血崩漏淋痢诸血皆止。

鸡冠花色素糖果

四、烹饪与加工

鸡冠花蛋花粥

（1）材料：新鲜鸡冠花、大米、鸡蛋、葱花、生抽、食盐等。

（2）做法：将适量新鲜鸡冠花洗净，切细条状，放入热油锅中，加调味料，大火炒制2分钟，将炒好的鸡冠花放入煮好的大米粥中搅拌，同时加入鸡蛋液、葱花、生抽、食盐等，中火煮熟即可。

鸡冠花金银花茶

（1）材料：鲜鸡冠花、金银花各30克，蜂蜜30毫克。

（2）做法：将鲜鸡冠花洗净、晾干，切碎后加水浸泡片刻，放入金银花拌和均匀，煎煮30分钟，纱布过滤取汁，趁热调入蜂蜜，和匀即成。

鸡冠花籽油

（1）材料：鸡冠花的花籽。

（2）做法：采用有机溶剂或现代食品新科技提取技术如超临界萃取技术等对花籽进行提取。

（3）功效：鸡冠花籽油中含有比较多的脂肪酸，大多数是不饱和脂肪酸，比如亚油酸、亚麻酸等，对人体有重要的营养功能；并且由不同品种的鸡冠花制作而成的鸡冠花籽油含有的脂肪酸组成成分有不同。鸡冠花籽油中富含的不饱和脂肪酸对于治疗心血管疾病、抗动脉粥样硬化有较好的作用。

五、食用注意

凡药三分毒，其入药不宜过量服用，以免出现不良症状。

鸡冠花的来历

从前，在穆校河畔住着一家姓刘的村民，两位老人与一位姑娘相依为命，苦度岁月。姑娘叫刘丫。

有一天，家中无菜可吃，刘丫就去鸡冠山采野菜，因近处的山菜都被人们采光了，她挎着小筐，越走越远，竟迷失了方向。

一连在深山老林里待了十几日，她饿得没办法，只得采野果野菜充饥。可不知吃了什么，她开始拉肚子，一日数次，腹痛难忍。她突然在河边看见一片紫色的像鸡冠式的花，她想，反正我也没救了，采些花吃，也许碰巧得救呢。她采了几朵紫色花，用河水涮了涮吃了下去，不料真神了！她的肚子不那么痛了。傍晚她又吃几朵那紫色花，也不拉肚子了。她感到十分奇怪，又一连吃了几天这紫花，拉肚病彻底好了。

不知又过了多少天，刘丫熬得皮包骨头，她已经没有力气站起来走路了。那天中午，刘丫靠在一棵树下的草棚里，忽然听到草中有声响，以为不是老虎来了就是狼来了，她立即钻进草棚旁边的树洞里去听动静。

不一会儿，声音越来越近了，仔细一听，原来是人的脚步声响。“这下可有救了！”她挣扎着爬出树洞，露出脑袋，却再也爬不动了。“快，刘丫在这儿!”刘丫父亲和几位乡亲赶来了。

父亲把刘丫从树洞里抱出来，老泪便流了下来，说：“你妈妈想你想得眼睛都快哭瞎了，今天总算找到你了!”

回家后，刘丫养了好多天，精神才逐渐好转过来。她向妈妈介绍说：“你不也经常拉肚吗？我发现一种花能治疗这种病。”

妈妈忙问：“什么花?”

刘丫说：“一种紫红色的像鸡冠式的花。”

妈妈说：“真的吗？你怎么知道的？”刘丫把在山上吃野果充饥拉肚，又吃紫红色花治好病的故事讲给妈妈听。

妈妈说：“太好了，这种花，鸡冠山后面的大山上有的是。”

过了几天，刘丫能走路了，她和妈妈去鸡冠山后边，把鸡冠花连根挖回来，栽种在自家门前。妈妈连续用那种紫红色花煎汤熬药喝了些日子，果然拉肚病再也没有犯过。

刘丫把这种花能治病的消息告诉给大家，从此，人们都知道这种花可以治病了。因为这种花像鸡冠子，就将其取名为鸡冠花。

千日红

漫说花无百日红，谁知花不与人同。
何由觅得中山酒，花正开时酒正中。

——《千日红》（清）钱兴国

一、物种本源

拉丁文名称，种属名

千日红（*Gomphrena globosa* L.），是一种常见的一年生草本植物，它被归于苋科千日红属，因为花朵鲜艳，一经开花后花色不变，即使干制后色泽依然会保持，故而得名；主要别称有火球花、长生花以及百日红等。

形态特征

千日红所开花数较多，顶生于花枝，花序呈圆球形或卵圆球形，花茎为2.5厘米左右，外有卵形苞片；千日红花色多为淡紫色、紫色、红色等，还有少量稀有品种为白色，花香微弱，基本无味。

习性，生长环境

千日红花期在6—9月份，千日红对生长环境的适应性特别强，比较喜欢阳光，并且非常耐高温、耐干旱，对低温也有一定的耐受性，最适宜的生长温度在25℃左右，在夏季高温甚至温度达到35～40℃时也能够生长，但是比较怕土壤中有积水，通常在土壤松软肥沃的环境中生长较好。资料显示，千日红原产于热带美洲地区，在热带以及亚热带地区非常常见，后被世界各地广泛引入培育种植，目前我国大多数省份均有分布，其花序颜色持久不变，观赏性较强，常被用于制作装饰物。

二、营养及成分

千日红中富含挥发油、黄酮质、皂苷类、多酚类以及生物多糖等活性化学成分，其中含有的黄酮苷成分具有止咳化痰作用；千日红还具有多种微量元素，从千日红花朵中还能提取出多种天然色素。

三、食材功能

性味 性平，味甘。

归经 归肺、肝经。

功能

（1）抗氧化作用。千日红富含多糖类、多酚类物质，其中多糖又被称为自然界中含量最丰富的生物活性聚合物，具有储存能量、支持内部结构、防御外界不利环境的侵害以及识别抗原等多方面的生物功能；目前有很多研究者都对其抗氧化作用进行了研究，以充分开发千日红的应用价值。资料表明，目前已经有很多保健产品中添加了千日红，如养生花果茶、排毒养颜红石榴奶等。

（2）避孕作用。资料显示，墨西哥生物专家从千日红中提取出了四种成分，研制出了一种新型避孕药物，通过白鼠实验发现这种药物能够有效杀死雄鼠的精子，并且也会在某种程度上抑制雌鼠的排卵功能，有相关专家表示，此药物能够在48小时内起到安全避孕的作用。

（3）治疗呼吸系统疾病。千日红中含有保护呼吸系统的有效成分，尤其对治疗支气管炎有较为明显的作用。有科学研究者将花序提取液和千日红全草提取液通过注射方式用于支气管炎症的治疗，结果显示当注射达到一定剂量时，能够有效起到平喘、止痰、镇咳的作用，并且通过检查病人肝脏以及尿液发现，注射千日红提取液并不会对肝功能以及肾脏功能造成不利影响。

（4）食用及保健作用。千日红中含有多种的水溶性天然色素，如红色、玫红色、淡红色、浅黄色等，色彩鲜艳多样，并且稳定性较强，安全性较高，故其可以广泛作为食品着色剂应用于食品工业，具有广阔的发展前景；若用有机溶剂提取，则价格较低，也可以应用于印染工业中。此外，千日红中富含的花色苷成分，具有清除机体自由基、抗炎症、抑制脂质过氧化和血小板凝集的作用。

（5）美容作用。千日红中含有酪氨酸酶抑制剂，其具有延缓衰老、美白皮肤以及祛斑的作用，利用千日红提取物可开发一系列美容保健食品以及日用化妆品。例如千日红茶目前已被证明具有排除体内毒素、活血养颜、美白祛斑功能，经常饮用可以起到调理体内气血，消斑美肤作用，使皮肤光滑并富有弹性与光泽，此外其对因内分泌紊乱而引起的色斑（如雀斑、黄褐斑、痤疮等）有明显疗效。

四、烹饪与加工

千日红茶

（1）材料：千日红干花3朵。

（2）做法：将千日红放入杯中，冲入沸水，加杯盖闷泡约10分钟即可。

（3）功效：可以缓解因为肝火而引起的头晕、头疼等不适。

千日红茶

千日红梨果酱

（1）材料：香梨、白砂糖、柠檬汁、千日红花瓣等。

（2）做法：将香梨去皮，切细丝，再切小段，加入适量白砂糖腌制片刻后倒入开水锅中，中火煮制，加入适量柠檬汁，小火慢煮以至浓稠，再加入洗净备好的千日红花瓣，搅拌继续熬制让水分蒸发，待肉眼可见水分较少，果酱质地浓稠，香味醇厚时盛出即可。

（3）功效：清热解毒，能有效止咳。

千日红菠萝饮

（1）材料：干制千日红、菠萝、银耳、枸杞、蜂蜜或白砂糖等。

（2）做法：选用干制千日红、菠萝、银耳、枸杞作为主要原料，将菠萝去皮切成小块，银耳泡发切小片，加入清水小火煮制约20分钟，之后加入千日红、枸杞搅拌，继续煮制约十分钟后即可，可根据个人口味加入适量蜂蜜或白砂糖，制成的饮品酸甜可口。

（3）功效：春夏季饮用可以祛热降火，明目清肝。

千日红菠萝饮

五、食用注意

千日红味甘同时带有咸味，所以不适宜长期并且大量食用，用时需遵医嘱，否则容易引起肠胃不适。

千日红的由来

相传，在海边有一对真心相爱的恋人，两人过着简单的生活。然而有一天，一条海蟒赶散了鱼群，撞翻了渔船，渔民们断了生计，于是勇敢的小伙挺身而出，想要带着渔民除掉这个怪兽。

临行前，姑娘珠泪涟涟，依依不舍。小伙子见状从腰里掏出一面镜子对她说："别难过，你看着这面镜子，如果里面的桅杆是白色的，就是我胜利了；如果桅杆变红，又渐渐黑了，那就是我——"姑娘没等他说完就打断了他："你放心吧，我一定会等你平安回来的。"

小伙子走后，姑娘每天坐在镜子前面焦急地等待。过了几天镜子里突然出现了红色的桅杆，慢慢颜色越来越深，变成黑色。姑娘认为恋人已经在与海蟒的战斗中失去了生命，悲痛欲绝，不久抑郁而终。渔村里的人把她葬在了海边，第二天，坟上开出了又红又大的鲜花。

就在这枝花开满100天的时候，小伙回来了，听到姑娘去世的消息后十分悲伤，他明白是海蟒的血溅在桅杆上，让姑娘误解了，他悔恨不已，趴在坟上伤心地大哭起来。

那整整开了100天的花却一瓣一瓣地凋零了。从此以后，人们就将这种不知名的，开过百日才败的花称为"百日红"，又叫千日红。

代代花

方物就中名最远，只应愈疾味偏佳。
若交尽乞人人与，采尽商山枳壳花。

——《商州王中丞留吃枳壳》
（唐）朱庆馀

一、物种本源

拉丁文名称，种属名

代代花（CitrusaurantiumL.var. amaraEngl.），是一种常见的多年生常绿乔木所开的花朵，它被归于芸香科柑橘属。代代花得名主要与其果实相关，因当年所结果实越冬不会掉落，待第二年春天，同一个枝头又会再次开花并留有果实，如此两代果实可以同存在一个枝头，故而得名；主要别名有回青橙、酸橙花、玳玳橘以及枳壳花等。

形态特征

代代花通常单生或簇生于叶腋，花蕾多为卵圆形，花瓣多为五瓣，花萼为灰绿色稍有褶皱，花色常为白色、淡黄色以及黄白色等，气味芳香略有苦涩。

习性，生长环境

代代花喜温暖湿润环境，通常花期在5—6月份，其植株幼苗时期不耐寒，但成熟后有较强的耐低温性，耐湿不耐旱，其在中性或微酸性土壤中长势较好。据资料记载，代代花在我国南部地区分布广泛，很多省份如浙江、贵州、广东等地均有栽培，其花蕾经烘干后可用。另外，其幼果者称枳实，成熟者称枳壳，为常用中药。

二、营养及成分

代代花花蕾含有挥发油成分，经测定挥发油中主要含有醇类物质、柠檬烯以及缬草酸等，另外还含有强心苷和非强心苷等、人体必需氨基酸、香豆素类以及可溶纤维等，代代花中含有的挥发油成分具有抗菌消炎、抗氧化以及改善免疫系统能力等多种功效。

三、食材功能

性味 性平，味甘、微苦。

归经 归脾、胃经。

功能

（1）美容作用。代代花中含有生物功能性成分，其味道微苦，能够理气解郁，可用于治疗肠胃功能不好以及消化不良症状，另外还能够减轻脘腹胀痛，促进血液循环，有舒肝、和胃等功效，适合经常饮食不规律以及体型偏肥胖的女性。另外，代代花还是一种美容茶，虽有些微苦，但是香气比较浓郁，闻之则回味无穷，能够用于缓解紧张不安，改善由于压力而导致的腹泻等症状。

（2）强心作用。代代花中含有一种叫作强心苷的物质，这种物质在许多医学书籍里都有出现。中医将代代花称为福寿草，其能很好地强化心肌功能，亦能促进血液循环、新陈代谢，降低心率，减少神经系统的兴奋性，能用于治疗急性的心功能不全，另外对于心脏功能衰竭的患者也有一定的疗效。

（3）其他功效。据《饮片新参》记载，代代花“理气宽胸，开胃止呕”。《动植物民间药》记载，代代花“治腹痛，胃痛”。《浙江中药手册》记载，代代花“调气疏肝，治胸膈及脘宇痞痛”。

四、烹饪与加工

代代花茶

（1）材料：代代花3克。

（2）做法：沸水冲泡5~10分钟即可。

（3）功效：代代花茶具有降血脂、促进新陈代谢、清热排毒、保肝和胃等功效，也有助于调节女性内分泌，加快体内多余脂肪的代谢。

代代花茶

代代花萝卜汤

（1）材料：白萝卜150克，胡萝卜250克，鲜代代花瓣15克，香菜15克，鲜汤500毫升，其他调味品适量。

（2）做法：将全部材料洗净后，向鲜汤内放入白萝卜及胡萝卜，文火煮软，待汤出锅后，向其中添加鲜代代花花瓣及香菜。

（3）功效：消食导滞，疏肝和胃。

五、食用注意

（1）代代花的叶子是凉性的，如果用多了会导致人体出现虚寒的症状，如手脚冰凉不发热。

（2）女性在经期不要喝，避免因为其活血化瘀的功效而增加排血量，特别是月经量过多的人过量食用容易导致大出血。

（3）孕妇也不宜使用。

代代花的传说

从前，青橙山上住着个老婆婆，她丈夫死了，无儿无女。一日傍晚，门前来了个年轻姑娘，对老婆婆说："老妈妈，我能否在您这里借宿一晚。"老婆婆答应了，把姑娘引进屋里。

老婆婆问："你从哪里来?"姑娘说："家中遭难，只留下我一个人了。"她帮老婆婆扫地、挑水、做饭、种田、绣花……喊老婆婆"妈"。

老婆婆舍不得这姑娘，这姑娘也舍不得老婆婆，她们便生活在一起，和亲生母女没什么两样。

一天，姑娘从田里回来，遇到一个年轻货郎。货郎问："大姐，买货吗?"姑娘挑选了几支七色丝线，可身上没带钱。姑娘说："到我家去拿钱，行吗?"货郎说："行!"便跟着她走。到家后，时间不早了，货郎便歇在她们家里。

老妈妈见他们有些情投意合，便为他们牵上红线，不久他们便成了亲。货郎种田，姑娘料理家务，老婆婆安度晚年。

他们的日子越过越好了。第二年，这对夫妇生了一个儿子。儿子周岁时，老婆婆提出要热闹一番，于是远远近近地请来了许多客人。酒后饭余，客人们纷纷议论：这个孤老婆婆真有福气。

后来，这户人家的事传到了衙门里去了。县太爷说："按祖传的习惯，每遇新婚，县太爷我必须要去讨一杯喜酒。怎么这户人家娶了亲，有了伢子，我还不知道?"他骑着马，带着一帮狗腿子来到这户人家。他见姑娘长得比仙女还要美丽，又高兴又仇恨，说："你们成亲，不让我晓得，违背祖上圣规，这还了得!"

老婆婆向县令求情。县令说：“我要把这姑娘带进衙门去，要不然就罚你一百两银子！”货郎听了，非常伤心。他心想我哪里有那么多钱，全家一筹莫展。

妻子对他说：“你不说，我也知道了。今天我只得把实话告诉你：我本是山中的仙子，念老妈妈可怜，来侍候她的；也和你前生有缘，今生结为夫妻。我算到县太爷的夫人有病，如果你能出手相救，再向夫人求情，事情就会迎刃而解了。我给你一个锦囊，不到万不得已不要打开。”

第二天夜里，货郎来到了衙门打探消息，他听丫鬟说县太爷夫人产后一直腹痛，烦满不得卧，府里上下被闹得不得安宁，请了各方郎中，可都无功而返。就在货郎寻找机会进府时，突然被一个黑袋子罩住了，这样他被带到了县令房中。

县太爷皮笑肉不笑地说：“今天送银子来了？”

货郎说：“县令大人，我听闻夫人得了怪病，特来相助。不过，如果我把她医好了，请你放过我家娘子。”

县令半信半疑，不过也没有办法，便同意了。

货郎躲起来打开了锦囊，上面写着药方：后山百年老树旁有一种结有果实的枳实树（代代花树），取其果实，配合院中的芍药，杵为散，日三服，疾可自除。县令依照此方给夫人服药，两天后，夫人的病果然好了。县令只好释放了货郎和他的妻子。

从此，他们一家人在山上过着幸福美满的生活。

参考文献

[1] 郭冷秋，张颖，张博，等. 萱草根及萱草花的化学成分和药理作用研究进展 [J]. 中华中医药学刊，2013，31（1）：74-76.

[2] 潘红. 萱草花化学成分与质量控制研究 [D]. 北京：北京中医药大学，2012.

[3] 沈楠，黄晓东，王艳春，等. 萱草花黄酮对免疫性肝损伤小鼠保护作用及机制 [J]. 中国公共卫生，2017，33（2）：202-205.

[4] 邱敦莲（摘译）. 郁金香中花药专性产生的抗菌郁金香苷 [J]. 作物育种信息，2006（6）：9-9.

[5] 刘接卿，王翠芳，邱明华，等. 玉簪花的抗肿瘤活性甾体皂苷成分研究 [J]. 中草药，2010，41（4）：520-526.

[6] 沈赟. 兰州百合花营养成分检测分析 [J]. 江苏预防医学，2008，19（2）：41-42.

[7] 范会，李荣，李明明，等. 固相微萃取-气质联用对贵州益母草花、叶和茎挥发性成分的分析比较 [J]. 中国实验方剂学杂志，2017，23（9）：62-67.

[8] 常宇航，田晓玲，张长芹，等. 中国杜鹃花品种分类问题与思考 [J]. 世界林业研究，2022，33（1）：60-65.

[9] 徐静静，赵冰，申惠翡，等. 15个杜鹃花品种叶片解剖和表型数量分类研究 [J]. 西北林学院学报，2017，32（1）：142-149.

［10］ 高学清．葛根和葛花的解酒护肝作用及其机理研究［D］．无锡：江南大学，2013．

［11］ 李作平，赵丁，任雷鸣，等．合欢花抗抑郁作用的药理实验研究初探［J］．河北医科大学学报，2003，24（4）：214-214．

［12］ 马青，范春兰，唐民科．线叶金雀花与藏红花水提取物抗疲劳的作用研究［J］．北京中医药大学学报，2019，42（1）：62-66．

［13］ 林蒲田．保健蔬菜——南瓜花［J］．湖南农业，2006（5）：12．

［14］ 蜀荣．药食兼优南瓜花［J］．食品与健康，2002（10）：24．

［15］ 周志城，熊建华，闵嗣璠，等．南瓜花黄酮超声波辅助提取工艺的研究［J］．湖北农业科学，2011（5）：1023-1025．

［16］ 高银祥．向日葵花盘抗肿瘤有效组分筛选及其活性机制研究［D］．哈尔滨：东北林业大学，2015．

［17］ 张前，牛欣，闫妍，等．羟基红花黄色素A抑制新生血管形成的机制研究［J］．北京中医药大学学报，2004，27（3）：25-29．

［18］ 刘剑刚，张大武，李婕，等．丹参、红花水溶性组分及配伍对大鼠心肌缺血/再灌注损伤作用的实验研究［J］．中国中药杂志，2011（2）：104-109．

［19］ 许丹丹．红花黄色素对2型糖尿病合并动脉粥样硬化者氧化应激及炎症反应的影响［D］．济南：山东大学，2017．

［20］ 刘学良，刘安平，陈鹏．藏药水母雪莲花质量标准的建立［J］．中国药师，2022，25（1）：142-145．

［21］ 沐白．百草之王——雪莲花的治病绝招［J］．家庭药师（快乐养生），2016（8）：40-41．

［22］ 余新建．复方野菊花提取物药效物质研究［D］．杭州：浙江中医药大学，2009．

［23］ 江燕，赵翠兰，李开源，等．扶桑花提取物的抗早孕作用研究［J］．中国民族民间医药，2001（4）：226-229．

［24］ 徐君，李欣，江君，等．不同花色荷花色素成分及稳定性分析［J］．江苏农业科学，2016，44（2）：331-335．

［25］ 林宣贤．荷花黄酮类的提取及其生物活性的研究［J］．中国食品添加剂，2007（3）：65-68．

[26] 俞轩，刘宴秀，陶劲强，等. 茉莉花活性成分分析及提取技术研究进展 [J]. 化工技术与开发，2018，47 (7)：29-31.

[27] 曹祈东. 茉莉花的药用 [J]. 东方药膳，2011 (3)：15.

[28] 刘珺. 茉莉花茶抗抑郁动物造模试验与功能产品的研究 [D]. 福州：福建农林大学，2014.

[29] 杨秀莲，王良桂，文爱林. 桂花花瓣营养成分分析 [J]. 江苏农业科学，2012，40 (12)：334-336.

[30] 狄飞达，张驰松，郑亭，等. 桂花功能性成分提取及加工应用进展 [J]. 农产品加工，2019 (21)：75-77.

[31] 孙洁雯，杨克玉，李燕敏，等. 固相微萃取结合气-质联用分析不同花期的紫丁香花香气成分 [J]. 中国酿造，2015，34 (7)：151-155.

[32] 陈欢. 耳穴压豆联合丁香粉贴敷神阙预防白血病化疗所致胃肠道不适的效果观察 [J]. 医药前沿，2017，7 (18)：345-346.

[33] 贾颖，赵怀舟，王红梅，等. 丁香配伍郁金对小鼠胃排空影响的实验研究 [J]. 中华中医药杂志，2006，21 (10)：620-621.

[34] 闫慧娇，赵伟，耿岩玲，等. 牡丹花化学成分研究 [J]. 天然产物研究与开发，2015，27 (12)：2056-2059.

[35] 刘波静，林法明. 毛细管气相色谱/质谱法分析熏茶植物白兰花中挥发性化学成分 [J]. 食品科学，2002 (6)：127-130.

[36] 曾祥元，杭宜卿，乔智慧. 美人蕉提取物利胆作用的实验观察 [J]. 中国药学杂志，1983，18 (3)：34-35.

[37] 王钧镖，张永灿，郑亚荣. 辛夷花蕾前鼻孔填塞治疗萎缩性鼻炎 [J]. 临床耳鼻咽喉头颈外科杂志，2001，15 (10)：471.

[38] 刘谋治，宋霞，姜远英，等. 月季花化学成分及药理作用的研究进展 [J]. 药学实践杂志，2015 (3)：198-200.

[39] 闻剑飞，滚军军，王强，等. 补充月季花色素对递增负荷训练大鼠抗氧化能力的影响 [J]. 赤峰学院学报 (自然科学版)，2013 (24)：105-106.

[40] 蔡元元. 月季花正丁醇部位的化学成分及抗肿瘤活性的研究 [D]. 郑州：郑州大学，2014.

[41] 侯彦喜. 玫瑰与玫瑰酒文化探析 [J]. 开封大学学报，2019，33 (3)：

19-23.

［42］刘杰超，杨文博，张春岭，等. 桃花中营养及功能性成分分析［J］. 食品安全质量检测学报，2016（9）：3745-3751.

［43］齐策. 参芪桃花四物汤药理研究及临床应用［J］. 中西医结合心血管病电子杂志，2019，7（1）：47-48.

［44］潘胜利. 百花食谱之十三 蜡梅花［J］. 园林，2007（1）：52-53.

［45］熊亚，李敏杰. 三角梅花乙醇提取液的抑菌性及其对草莓保鲜效果的研究［J］. 保鲜与加工，2017，17（3）：21-25.

［46］闫伟伟，徐鹏，罗慧玉，等. 杏花—测多评方法的建立及不同储存环境各成分的含量比较［J］. 实用药物与临床，2021，24（7）：624-629.

［47］严文芳，高新华，赵兴文，等. 云南樱花鲜花营养成分及污染物含量分析与评价［J］. 食品安全质量检测学报，2018，9（21）：5734-5738.

［48］常美芳. 紫薇花和银薇花降血糖作用研究［D］. 郑州：河南大学，2015.

［49］宋家玲，杨永建，戚欢阳，等. 栀子花化学成分研究［J］. 中药材，2013，36（5）：752-755.

［50］陈厚芳. 栀子活性成分分析研究［D］. 北京：中国科学院大学，2015.

［51］李辛雷，李纪元，范正琪，等. 4种山茶花营养成分及有害元素含量分析［J］. 林业科学研究，2010，25（2）：298-301.

［52］韩学俭. 凉血止血山茶花［J］. 医药食疗保健，2012（7）：44-44.

［53］潘胜利. 百花食谱之二十七——山茶花［J］. 园林，2008（3）：80-81.

［54］舒希凯. 芍药花抗氧化活性成分的分离和鉴定［D］. 济南：山东师范大学，2013.

［55］赵香菊，黄秀奇，王中华. 芍药花多酚提取物对蛋鸡生产性能和抗氧化能力的影响［J］. 中国家禽，2018，40（18）：60-62.

［56］梁红梅，朱清静. 芍药甘草汤联合综合疗法治疗慢性重度乙型肝炎临床研究［J］. 中西医结合肝病杂志，2018，28（3）：142-144.

［57］石朗，杜冰，张婷婷，等. 鸡冠花不同提取部位止血作用研究［J］. 医药导报，2013（9）：11-13.

［58］赫连胜，姜莹. 鸡冠花对机体抗衰老作用的研究［J］. 医药与保健，2010（2）：20-22.

[59] 曾卫军，彭宇，雪哈拉·哈布丁，等. 鸡冠花红色素的稳定化研究［J］. 生物技术，2004，14（3）：40-43.

[60] 黄良勤，王刚. 千日红挥发油提取工艺优化及其化学成分分析［J］. 湖北农业科学，2014（5）：1156-1158.

[61] 穆燕. 千日红酪氨酸酶抑制剂的分离纯化及其抑制机理研究［D］. 广州：华南理工大学，2012.

[62] 王天星. 代代花中有效成分的分离纯化、鉴定及其活性研究［D］. 广州：华南理工大学，2018.